EXERCITE SUA MENTE

Dados Internacionais de Catalogação na Publicação (CIP)
(Câmara Brasileira do Livro, SP, Brasil)

Puig, Anna
Exercite sua mente : atividades para memória, atenção, concentração, raciocínio e habilidades mentais / Anna Puig ; tradução de Guilherme, Summa. 3. ed. – Petrópolis, RJ : Vozes, 2014.

Título original : Ejercicios para mantener la cognición / 2

Bibliografia

9ª reimpressão, 2025.

ISBN 978-85-326-4553-1

1. Disciplina mental 2. Memória – Fatores etários 3. Memória em idosos 4. Mnemônica I. Título.

13-03047 CDD-155.671314

Índices para catálogo sistemático:

1. Mente : Psicoestimulações : Psicologia 155.671314

Anna Puig

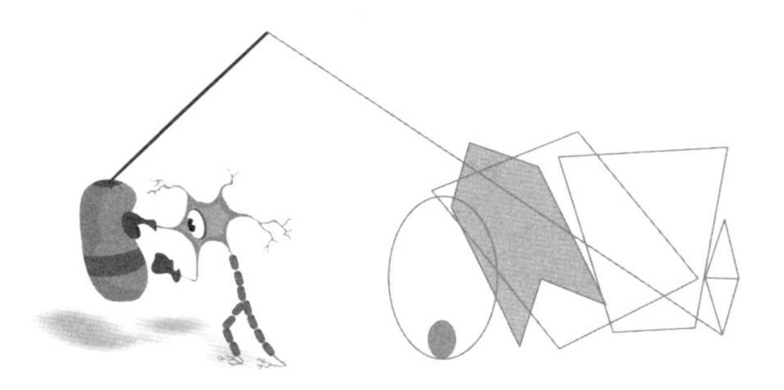

EXERCITE SUA MENTE

Atividades para memória, atenção, concentração, raciocínio e habilidades mentais

Tradução de Guilherme Summa

Petrópolis

Tradução do original em espanhol intitulado *Ejercicios para mantener la cognición / 2*

Direitos de publicação em língua portuguesa – Brasil.
2013, Editora Vozes Ltda.
Rua Frei Luís, 100
25689-900 Petrópolis, RJ
www.vozes.com.br
Brasil

Editoração: Rachel Fernandes
Diagramação: Sheilandre Desenv. Gráfico
Capa: Emerson Souza

ISBN 978-85-326-4553-1 (Brasil)
ISBN 978-84-9842-585-7 (Espanha)

Este livro foi composto e impresso pela Editora Vozes Ltda.

Para Adrià

Sumário

Prólogo

Vinte anos se passaram desde que fui professor de Anna Puig e completei os anos estipulados pelo Serviço Público para alcançar a jubilação, sendo esta, pois, minha situação acadêmica.

Sou professor emérito da Universidade Autônoma de Barcelona e entre as muitas e boas recordações de minha vida como docente está a ocasião em que reunimos um pequeno número de professores para fazer com que a atual Universidade de Girona pudesse oferecer o Programa de Bacharelado em Psicologia. Muito nos ajudaram: os alunos e uma série de circunstâncias que favoreceram nosso sonho. Todas essas lembranças ocorrem à minha mente no início deste prólogo.

Anna optou por criar um material adequado e abundante para realizar exercícios destinados a manter a mente ativa; este é o segundo volume da série. É muito gratificante comprovar os progressos que a Psicologia tem feito no mundo ocidental e especialmente na Espanha. As psicoestimulações não nascem por geração espontânea: elas têm sua história, paralela ao desenvolvimento de dois grandes movimentos teórico-práticos. Refiro-me, em primeiro lugar, à psicologia evolutiva cognitiva, que em J. Piaget, por sua formação biológica, tornou-se Epistemologia Genética. Ainda na década de 1970, discutiu-se em nossas universidades a psicologia da infância e da adolescência, ou seja, nenhuma menção à idade adulta ou ao envelhecimento – *aging*, para os norte-americanos. Passou a ser Psicologia Evolutiva e não Psicologia do Desenvolvimento, como chamaram os norte-americanos; sequer *Psicologia do Ciclo Vital*. Entretanto, passada a época em que o conceito de "idade", biológica e mental, foi superado, para dar preferência aos termos "crescimento" e "desenvolvimento", a psicologia voltou-se para a geriatria e começou-se o estudo e o atendimento à "terceira idade", termo descartado com razão, para falarmos hoje de "idosos".

O segundo movimento presente nas psicoestimulações veio com o Behaviorismo e o Neobehaviorismo, que desaguaram na psicologia da aprendizagem e, dentro dela, das estimulações, que no passado eram apenas estimulações sensoriais, tal como praticado pela psicologia do *imprinting*. A fusão do cognitivo com o behaviorista originou a psicologia cognitivo-behaviorista e as estimulações cognitivas e behavioristas. Fruto dessa fusão são as psicoestimulações dirigidas aos processos do conhecimento, muito bem abarcadas e exploradas tanto no volume de *Exercícios para manter a mente ativa* quanto no atual: *Exercite sua mente*. Embora Anna Puig tenha trabalhado preferencialmente com idosos, na comunidade e em instituições, está convencida de que as psicoestimulações devem ser praticadas ao longo de todo o "ciclo vital".

A neurociência, biológica e fisiológica, deve ser o suporte das psicoestimulações, porque assim pede a unidade do homem, com uma dimensão corpórea e outra mental (alma, espírito, vida). Com base no conhecimento anatômico e funcional do cérebro, nós, psicólogos, podemos construir o psíquico; o resultado são as psicoestimulações, assunto cultivado por Anna Puig. Na época heroica da Psicologia, dispúnhamos de material psicotécnico, do qual nos servíamos, sobretudo, para diagnosticar. E as psicoestimulações eram, devo insistir, apenas sensoriais. Sempre fui da opinião que se dedicássemos às pessoas "normais" o tempo que temos gasto, no sentido solidário, em atender aos diferentes e dependentes, seu desenvolvimento psíquico agradeceria.

Neste momento, podemos afirmar que os beneficiários de nossas preocupações têm sido extremos: as crianças e os idosos. Na vida adulta, temos de usar as psicoestimulações e os materiais concebidos por Anna Puig para "manter" o desenvolvimento que me permito qualificar como "integral". Assim, levaríamos à prática o que defendemos em teoria. Há muito pela frente.

A união entre o cognitivo e o behaviorista, entre o conteúdo do pensamento e sua estrutura, entre o desenvolvimento neurológico e o behaviorista, contribuirá com nossa base teórica e com a aplicação em nosso exercício profissional. Sabemos que usamos parcialmente nosso cérebro, que o deixamos desenvolver a seu bel-prazer; porém, seria um disparate continuar a fazê-lo.

Em resumo, unamos a neurociência e as psicoestimulações e teremos uma base completa para que o ser humano aprenda. Forneçamos à sociedade o que nos pede com legitimidade, para que a linguagem do dia a dia na imprensa, no rádio, na TV e nos parlamentos tenha sempre presente o antropológico, também na boca dos políticos, dos cientistas naturais e dos sociais. Nós, psicólogos das antigas, alcançamos as bases e os fundamentos com que sonhávamos. As gerações presentes e vindouras de nossos pares surpreenderão por seu caráter científico, por suas técnicas e pelo material criado para estimular as pessoas ao longo de todo seu ciclo de vida.

Anna Puig e todos aqueles que trabalham com o intuito de nos proporcionar materiais para psicoestimular prestam um serviço tão importante quanto o dos experimentalistas nos laboratórios, dos professores nas salas de aula e dos pesquisadores em seus estudos de campo.

Paciano Fermoso
Catedrático Emérito da UAB

Agradecimentos

Agradeço ao Dr. Paciano Fermoso por sua consideração em prefaciar este novo livro. Com seus conhecimentos, o mestre reforçou meu interesse em seguir a carreira de psicologia.

Como sempre, agradeço ao Dr. Gerard Martínez, que foi orientador da minha tese, por suas diretrizes iniciais que permitiram esta nova colaboração.

Agradeço também à *Fundació Palafrugell Gent Gran* (Girona), à *Residencia Geriátrica Josep Baulida de Llagostera* (Girona) e à *Associació de veïns Carme-Vista Alegre* de Girona, aos membros da *Associació EMAD St. Feliu* (Girona), ao *Grupo Terapéutico del Ajuntament de Palafrugell* (Girona), onde foram aplicados estes exercícios, e em especial o interesse demonstrado por todos os participantes: Lola, Pili, Adelina, Conxita, Teresa, Joan, Angelina, Pilar, Rafaela... sempre dispostos a solucionar novos problemas.

Agradeço também o apoio incondicional da minha família.

Introdução

O presente livro tem por objetivo continuar proporcionando exercícios variados, que permitem manter as funções mentais dos indivíduos interessados em conservar sua cognição. Mantém o mesmo formato de *Exercite sua mente*, ou seja, com nível de dificuldade similar, só que com uma maior diversidade de exercícios.

Todos os exercícios foram aplicados, no período de um ano, em diferentes lugares, embora recentemente alguns deles tenham sido substituídos por outros em prol da variedade. Os exercícios foram administrados em âmbito residencial, na *Fundació Palafrugell Gent Gran* (Girona) e na *Residencia Geriátrica Josep Baulida de Llagostera* (Girona); os idosos, cognitivamente conservados, internados nesses centros, resolvem esses tipos de exercícios durante as sessões semanais de psicoestimulação, e lhes são fornecidos vários exercícios adicionais para irem resolvendo durante a semana; depois, a solução dos mesmos é corrigida ao início de cada sessão. Os exercícios foram aplicados também no *Grupo Terapéutico del Ajuntament de Palafrugell* (Girona) e na *Associació de veïns Carme-Vista Alegre* de Girona, semanalmente, nas oficinas de memória que realizam com as pessoas de idade que vivem na comunidade. Durante as sessões são resolvidos os exercícios mais simples, já que é difícil manter a concentração em grupo, e, em contrapartida, os exercícios para casa costumam ser um pouco mais trabalhosos, com a intenção de que façam um pouco por dia. Também foram aplicados na *Associació EMAD St. Feliu* (Girona), em oficinas de pacientes com Alzheimer, quando o diagnóstico é inicial e, portanto, conservam-se as funções cognitivas: foi-lhes disponibilizada uma apostila contendo 50 exercícios que tinham de resolver durante as sessões, e outra para resolver em casa nos dias que não assistem às mesmas. Da mesma forma, também foram solucionados esses exercícios semanalmente nas oficinas de memória dirigidas às pessoas que queriam melhorar sua memória, dentro da mesma Associação. Todos, sem exceção, demonstraram muito interesse em resolver os exercícios.

As aplicações realizadas nos diversos âmbitos – residencial, comunitário, inclusive em indivíduos diagnosticados com mal de Alzheimer e outros tipos de demência – confirmam-nos que sua execução prática baseia-se no nível cognitivo do indivíduo. Ou seja, são exercícios eficazes tanto para serem administrados em residências geriátricas como para pessoas de idade que vivam em seus domicílios, ou aquelas diagnosticadas com mal de Alzheimer e outros tipos de demência. Também podem ser realizados por pessoas adultas que desejam exercitar suas funções cognitivas de modo preventivo; dessa forma, iremos adquirir hábitos de conduta adequados para enfrentar nosso processo de envelhecimento, já desde a idade adulta, de uma ótima maneira.

Parte I

ABORDAGEM TEÓRICA

1 Conceitualização

1.1 Processos cognitivos básicos

Os processos cognitivos básicos são: a percepção, a atenção, a orientação, a memória, a linguagem, o raciocínio e a habilidade. Por intermédio de tais processos, os indivíduos têm consciência da realidade.

- Por meio da *percepção-atenção* obtemos informação do exterior. Trata-se de um processo ativo que geralmente requer uma atividade analítica e sintética, na qual se destacam algumas características essenciais e inibem-se outras que não o são. A atenção, portanto, é um processo seletivo da informação.
- A informação tanto pode ser processada e armazenada pela *memória*, como descartada. A memória tem três etapas: retenção, armazenamento e recuperação; uma falha em qualquer uma das três etapas conduziria ao esquecimento da informação (POUSADA, 1996). Aparentemente, os problemas de memória das pessoas de idade estão relacionados à atenção, à velocidade e aos mecanismos de processamento da informação. Graças aos programas de treinamento de memória é possível acelerar o processamento da informação, reduzir as imprecisões ao recordar e reverter o declínio nas habilidades de inteligência fluida (HOFFMAN; PARIS & HALL, 1996).
- Alguns estudos sobre *memória sensorial visual* indicam que, com o avanço da idade, há um aumento no tempo necessário para identificar

um estímulo visual, que se relaciona mais com processos perceptivos e de atenção do que com déficits de memória (HULTSCH & DIXON, 1990).

• O sistema de sinais pelo qual nos comunicamos é a *linguagem*. Por sua vez, esta nos permite elaborar pensamentos. Uma forma de pensamento é o *raciocínio*, que é dirigido e orientado a resolver um problema específico. Em consequência, a capacidade de falar e o domínio de uma língua proporcionam categorias que permitem conceituar e socializar a experiência. A linguagem é muito mais do que um mero instrumento de comunicação.

• A *orientação* permite estabelecer referências espaciais. Informa sobre direção, distância, posição etc. de determinados objetos ou sujeitos.

• Duas características definem a *habilidade*: a intencionalidade do ato e a organização dos movimentos.

Todos esses processos requerem manutenção contínua, pois estudos apontam que é recomendado potencializar e aperfeiçoar nossa cognição (BALTES & BALTES, 1990). Vários autores como Yesavage, Lehr, Stengel, dentre outros, depois de um longo período de investigação, concluíram que, para alcançar um sentimento individual de bem-estar em seus últimos anos, os idosos têm de se manter ativos cognitivamente. Decerto a conservação do desenvolvimento mental em idades avançadas exige um uso frequente das faculdades e uma constante exercitação das funções intelectuais.

1.2 A psicoestimulação

O termo psicoestimulação começou a ser empregado no fim da década de 1980, dentro de um contexto de reabilitação em demência (UZELL & GROSS, 1986). Ou seja, a psicoestimulação era administrada apenas naqueles indivíduos diagnosticados com Alzheimer. Já há algum tempo ampliou-se sua aplicação e ela passou a ser administrada também em caráter preventivo (PUIG, 1999). Atualmente, em todos os centros de convivência, em grande parte das casas de repouso (PUIG, 2001) e em muitas associações de bairro utilizam-se oficinas de memória (PUIG, 2003).

Entendemos por psicoestimulação a estruturação de uma série de atividades neurofuncionais adaptadas, que incidem repetidamente nas capacidades cognitivas residuais, com o objetivo de incrementar os rendimentos cognitivos e funcionais do indivíduo. A estimulação cognitiva comporta a realização de tarefas para ativar e manter as capacidades cognitivas – memória, linguagem, habilidade, raciocínio etc. – ao mesmo tempo em que se reforçam as capacidades emocionais e relacionais dos idosos.

O objetivo básico da psicoestimulação cognitiva é favorecer a neuroplasticidade.

Entende-se por neuroplasticidade a resposta dada pelo cérebro para adaptar-se a novas situações e restabelecer o equilíbrio alterado, quando é produzida uma lesão (GESCHWIND, 1985). Ou seja, produz-se uma regeneração dos neurônios lesionados, ao mesmo tempo em que se estabelecem novas conexões neuronais. Trata-se de um tipo de intervenção organizada e mais individualizada possível, que depende do nível de cognição de cada indivíduo.

A avaliação neuropsicológica é o ponto de partida para a elaboração de programas de psicoestimulação para indivíduos diagnosticados com mal de Alzheimer e outros tipos de demência. O conhecimento das habilidades cognitivas preservadas de cada pessoa determinará os objetivos terapêuticos específicos que se deseja alcançar.

Os principais objetivos de *qualquer* programa de *psicoestimulação* são:

- *Manter* as habilidades intelectuais conservadas o máximo de tempo possível com a finalidade de preservar a autonomia.
- *Criar* um entorno rico em estímulos que facilite o raciocínio e a atividade.
- *Fortalecer* as relações interpessoais das pessoas, evitando a desconexão com o entorno.

Em um contexto de prevenção, definimos a *psicoestimulação cognitiva* como: "Um tipo de intervenção preventiva que incide sobre as diferentes capacidades cognitivas mediante a apresentação de estímulos específicos, ou seja, exercícios de resolução imediata, extrapoláveis às capacidades da vida diária, com a finalidade de potencializar e otimizar a cognição" (PUIG, 1999).

Esse tipo de intervenção toma como base o treinamento cognitivo. O objetivo fundamental de qualquer *treinamento cognitivo* é viabilizar ao indivíduo o uso efetivo de estratégias para a resolução de determinadas tarefas intelectuais. Essas tarefas avaliam a habilidade que se pretende estudar. O material de treinamento consiste em tarefas semelhantes, não idênticas, às presentes no teste de domínio da habilidade treinada. As técnicas utilizadas nesse tipo de programa são a *modelagem*, o *reforço* e a *prática*. Os pioneiros do treinamento cognitivo foram os psicólogos da aprendizagem Wetherick (1966) e Arenberg (1968), demonstrando que, por meio de certos princípios operantes, podem-se treinar diferentes habilidades complexas em pessoas idosas.

Existem dezenas de estudos nos quais se utilizou o treinamento para obter uma melhora cognitiva e está comprovado que não somente obtêm-se melhoras nos indivíduos que apresentam um déficit cognitivo, mas que os indivíduos estabilizados cognitivamente também melhoram seu rendimento com o treinamento cognitivo (WILLIS & SCHAIE, 1986; MOLLY et al., 1988; YESAVAGE, 1987).

2 Aspectos metodológicos

2.1 Justificativa para Exercite sua mente

O processo de envelhecimento costuma vir acompanhado de uma diminuição da capacidade sensorial e da memória – em especial, a memória recente –, da alteração da capacidade de coordenação, de uma diminuição na velocidade de resposta e da alteração na inteligência fluida, entre outras (CATTEL & HORN, 1978; HORN, 1982; FERNÁNDEZ-BALLESTEROS et al., 1992). Todas essas perdas, em suma, tendem a representar uma desadaptação ao meio e uma redução generalizada de qualquer forma de atividade física ou mental do idoso.

Entretanto, essas mudanças que os indivíduos vão experimentando durante o ciclo de vida nem são homogêneas, nem afetam de modo igual a todos eles. Ou seja, há uma considerável porcentagem que não sofre essas perdas e, se o fazem, é de uma forma muito sutil (FERNÁNDEZ-BALLESTEROS, 1997).

Diversos fatores podem causar a deterioração das funções cognitivas. Ter uma saúde frágil, uma baixa escolaridade, a presença de algum tipo de patologia, hábitos nocivos, a perda de *status* (aposentadoria, viuvez...), entre outros, pode interferir na adequada manifestação das funções intelectuais (MONTORIO, 1994; SCHMIDT; BERG & DEELMAN, 2000). Da mesma forma, parte da diminuição cognitiva pode ser atribuída também a uma falta de estímulo cognitivo. Ou seja, o rendimento intelectual depende de variáveis biopsicossociais e, consequentemente, quanto maior confluência de *handicaps* em um mesmo indivíduo, mais probabilidade de perda cognitiva.

Existem provas empíricas que indicam que o *estilo de vida* é o determinante mais importante da saúde e doença dos indivíduos. No estilo de vida, pode-se incluir o grau em que uma pessoa desempenha habitualmente atividades cognitivas, como realizar palavras-cruzadas ou caça-palavras, jogar xadrez etc., que parece ser um fator protetor da saúde mental. Consequentemente, o estilo de vida é um conceito-chave para o fomento da saúde e da prevenção contra a doença.

As pesquisas realizadas ao longo dos anos estabelecem que, na velhice, o cérebro humano conserva graus indeterminados de *modificabilidade* ou *reserva* que poderiam ser ativados por meio de intervenções ambientais adequadas (BALTES & WILLIS, 1982). De fato, a modificação no rendimento intelectual, por meio de intervenções cognitivas, pode ser realizada em qualquer momento da vida de uma pessoa.

A capacidade de reserva cognitiva ou plasticidade cognitiva é a capacidade de aprender informações, estratégias ou habilidades que compensem déficits cognitivos prévios. Nos idosos, o rendimento intelectual é facilmente *modificável* por meio de tratamentos behavioristas em curto prazo, já que a intervenção dessa perda é *reversível* (PLEMONS; WILLIS & BALTES, 1978). Um exemplo disso são os diversos programas desenvolvidos para melhorar o rendimento cognitivo dos idosos que se provaram eficazes (BLIESZNER; WILLIS & BALTES, 1981; WILLIS; BLIESZNER & BALTES, 1981).

2.2 *Objetivos de Exercite sua mente*

Os objetivos de *Exercite sua mente* são:

Objetivos gerais

• Preservar a autonomia do indivíduo aproveitando a utilização de seus recursos.

• Aumentar a qualidade de vida dos indivíduos.

Objetivos específicos

Cognitivos:

• Manter as funções cognitivas em adultos e idosos conservados cognitivamente.

Emocionais:

• Reduzir a ansiedade, responsável por falhas cognitivas.

• Aumentar a autoestima do indivíduo.

Sociais:

• Estimular a comunicação entre os participantes.

Instrumentais:

• Transferir os mecanismos ativados durante as sessões a atividades da vida cotidiana (ROTROU, 1985; ISRAËL, 1988).

3 Características de *Exercite sua mente*

Exercite sua mente tem por objetivo ser um instrumento que auxilie o exercício mental de uma forma divertida e diversificada. São apresentados 156 exercícios, com dificuldade crescente, que incidem em diferentes funções cognitivas: atenção, orientação, memória, linguagem, raciocínio e habilidade. A distribuição dos exercícios não segue um padrão fixo, as áreas mais trabalhadas são a atenção e a linguagem, e não se insiste muito em habilidade, já que implica a resolução dos exercícios. Devem ser resolvidos

33 exercícios de atenção, 21 de orientação, 18 de memória, 41 de linguagem, 24 de raciocínio, 9 de habilidade, 4 de cálculo, 3 de organização, 2 de abstração e 1 de associação.

4 Forma de administração

4.1 Administração em grupo

4.1.1 Procedimento

Exercite sua mente é aplicado da seguinte forma:

1 Recomenda-se, inicialmente, realizar uma entrevista pessoal para obter informação sobre o nível cultural do indivíduo; assim, podemos prever se o nível dos exercícios será equivalente para ele ou se será necessário realizar modificações, simplificando ou complicando o nível dos itens. E, por outro lado, com o objetivo de administrar um instrumento de rastreamento (*screening*), que nos dará informação sobre o nível cognitivo do indivíduo. O instrumento de rastreamento que será empregado pode ser o pequeno exame cognoscitivo (LOBO, 1979), que servirá para selecionar aquelas pessoas que não apresentam diminuição cognitiva.

2 É preferível que os grupos não ultrapassem de oito a nove idosos, para facilitar a intervenção. Recomenda-se formar grupos homogêneos em função do nível de memória que apresentem e de sua idade, ainda que isso seja muito difícil de conseguir.

3 *Exercite sua mente* pode ser aplicado semanalmente. Durante as sessões, dois ou três exercícios serão solucionados e mais dois podem ser passados como "dever de casa", para serem resolvidos durante a semana.

4 Na primeira sessão é conveniente enfatizar o horário, a duração e a frequência das sessões, bem como a importância da presença continuada dos idosos para auxiliar a sua eficácia.

5 É muito importante parabenizar, a todo instante, pelos acertos obtidos; se transmitimos regularmente a sensação de êxito, reforçamos a motivação para exercitar as funções cognitivas.

6 Depois de aproximadamente nove meses, ou um ano, volta-se a administrar pela segunda vez os questionários iniciais com o intuito de observar se houve uma melhora cognitiva.

4.1.2 Desenvolvimento das sessões de psicoestimulação

Cada uma das sessões de psicoestimulação é desenvolvida da seguinte maneira:

- Inicia-se saudando a todos e demonstrando interesse em saber como estão. É importante estabelecer uma boa relação com eles.
- Na primeira sessão apresenta-se todos os integrantes do grupo.
- Em seguida, explica-se o tema e o motivo das sessões e, então, passa-se a realizar os exercícios na ordem estipulada.

A sessão tem início com o seguinte procedimento:

- Seleciona-se os exercícios que serão desenvolvidos durante a sessão e reserva-se dois, mais trabalhosos, como "dever de casa" para serem realizados durante a semana.
- Dá-se a cada indivíduo o mesmo exercício para realizar e todos o resolvem. Recomenda-se imprimir os exercícios em tamanho ofício para facilitar o registro da informação visual dos participantes.
- Pede-se que leiam o enunciado para saber o que devem fazer e, se apresentarem alguma dificuldade de compreensão, o exercício é explicado para que possam resolvê-lo.
- Comenta-se as dificuldades que vão surgindo e, caso necessário, responde-se as dúvidas apresentadas, evitando ao máximo fornecer a solução.
- Dá-se uma margem de tempo para resolver o exercício, que geralmente é calculada pelo tempo que a maioria dos idosos, que já o completou, gastou para solucioná-lo; para aqueles que têm mais dificuldade são fornecidas dicas para completar o exercício da forma correta.

Durante a realização de cada tarefa é conveniente:

- Enfatizar as condutas que levem à solução.

• Evitar a ridicularização dos companheiros diante de uma tarefa incorreta.

• Minimizar qualquer situação de fracasso que se apresente. É necessário que se entenda que cada pessoa tem mais facilidade para um determinado tipo de tarefa do que para outra.

• Eliminar, a todo instante, bloqueios que possam surgir.

• Considera-se desnecessário estimular a competitividade entre os companheiros, já que poderia criar rivalidades.

• É necessário criar um clima de tranquilidade em que impere a superação pessoal e a colaboração entre os participantes para se obter bons resultados.

• Uma vez resolvido o exercício, a solução correta é comentada e pede-se que os participantes escrevam a data e o seu nome no rodapé da folha.

• Por fim, passa-se a cada indivíduo dois exercícios para serem resolvidos durante a semana e solicita-se o comparecimento de todos na semana seguinte.

4.2 Administração individual

Exercite sua mente também pode ser realizado de forma individual. No topo de cada página são fornecidas as instruções necessárias para poder resolver o exercício e, no final do livro, são disponibilizadas as resoluções de todos eles para verificação das soluções corretas. Recomenda-se realizar os exercícios toda semana, para gerar hábitos de conduta.

Recomendações

• Recomenda-se começar o livro do início e continuar até o final para conseguir um treinamento ótimo; não pule exercícios que não sejam de seu agrado ou que apresentem muita dificuldade.

• A eficácia é alcançada realizando cinco exercícios semanais, tanto para aquelas pessoas que participam de uma oficina de psicoestimulação de forma semanal quanto para aquelas que simplesmente utilizam esta obra para melhorar suas funções cognitivas.

• É importante que se dispense algum tempo para resolver os exercícios apresentados, pois, se alguns deles são de rápida solução, outros devem ser trabalhados durante a semana, permitindo uma elaboração mais profunda e, por conseguinte, uma maior otimização de nossos recursos.

• Procure um lugar tranquilo que lhe permita concentrar-se com facilidade. Tente resolver os exercícios apresentados tal como são propostos. Se olhar a tarefa antes de memorizar o exercício apresentado, pense que não estará realizando o esforço necessário: leve o tempo que for preciso.

• É importante realizar o exercício de acordo com a sua capacidade. Se precisar de mais tempo do que o indicado, não hesite em gastá-lo.

• Observe que, à medida que vai resolvendo os exercícios, cada vez necessitará de menos tempo para realizá-los.

• Você pode resolver os exercícios propostos no próprio livro, com um lápis. Eles são apresentados com letras grandes para facilitar a leitura de pessoas idosas com dificuldades de visão.

• As soluções encontram-se no final do livro; consulte-as somente quando tiver resolvido o exercício e desejar verificar se está correto.

• Se errar, não se preocupe; se considerar oportuno, no caso de demorar muito a resolver um exercício, depois de consultar a solução, volte a fazê-lo.

4.3 Descrição e reação dos participantes

Exercite sua mente foi administrado há alguns anos, embora os grupos tenham se renovado, e há pouco tempo voltei a aplicá-lo e a modificar alguns exercícios para acrescentar mais variedade.

Os exercícios foram administrados na *Fundació Palafrugell Gent Gran* (Girona), que compreende uma casa de repouso, e no Centro de Convivência. Na casa de repouso proporcionou-se uma oficina de psicoestimulação a seis indivíduos: a média de idade dos participantes do grupo de psicoestimulação era de 80 anos, a maioria com o primário incompleto. Tratava-se de idosos com uma média de três anos de internação na instituição. Todos avaliaram positivamente a experiência, embora algumas das tarefas não tenham sido de seu agrado, devido à dificuldade pessoal que encontraram (algumas relacionadas aos cálculos, outras à linguagem etc.). No final das sessões, eram passados dois exercícios como "dever de casa" a serem realizados durante a semana e devolvidos na semana seguinte, já resolvidos. Atualmente, como os residentes entram muito deteriorados, o grupo está cada vez menor. No Centro de Convivência também se realiza uma reunião semanal: os idosos assistem à sessão e lhes são passados exercícios para resolver durante a semana e no final de semana; o grupo é formado por seis indivíduos, com média de idade entre 75 anos, muito motivados e interessados em realizar os exercícios.

Na *Residencia Geriátrica Josep Baulida de Llagostera* (Girona) realizaram-se duas sessões por semana, com um grupo de seis indivíduos e média de idade entre 88 anos. Alguns deles com o primário completo e outros, incompleto. Trata-se de idosos com uma média de três anos de internação na instituição. Todos manifestaram interesse em participar das sessões e em resolver os deveres.

Na *Associació de veïns Carme-Vista Alegre de Girona* também foram administrados os exercícios na *oficina de memória*. A média de idade dos indivíduos era de 83 anos. Compõem o grupo um homem e seis mulheres, cinco delas viúvas, com o primário incompleto. Esse grupo realiza *oficinas de memória* semanalmente, há alguns anos.

Por fim, introduziu-se *Exercite sua mente* na *Associació EMAD St. Feliu* (Girona). Trata-se de uma associação voltada para pacientes com Alzheimer e outras demências, que abrange a comarca de Baix Empordà. Tais pacientes participam das oficinas de psicoestimulação, resolvendo os exercícios de acordo com seu nível cognitivo. Costumam solucioná-los os idosos com um diagnóstico inicial e certo nível intelectual; o restante resolve exercícios mais simples. Quinze indivíduos resolveram esses exercícios e, à medida que a doença ia avançando, foi necessário baixar o nível de dificuldade. Também resolveram esses exercícios nove idosos que participaram da *oficina de memória* dirigida àquelas pessoas que querem melhorar sua memória e que, na associação, é realizada semanalmente.

Em geral, a atividade em grupo promove o interesse em solucionar corretamente o exercício proposto e, por conseguinte, aprender a utilizar recursos e estratégias, o que tem afetado de maneira benéfica a autoestima dos participantes.

Parte II

EXERCITE SUA MENTE

1 Atenção: localize o número 1. Em seguida, trace uma linha reta do ponto 1 ao ponto 2, do ponto 2 ao ponto 3, e assim sucessivamente, até o ponto 98. Quando terminar, descubra qual é o animal revelado.

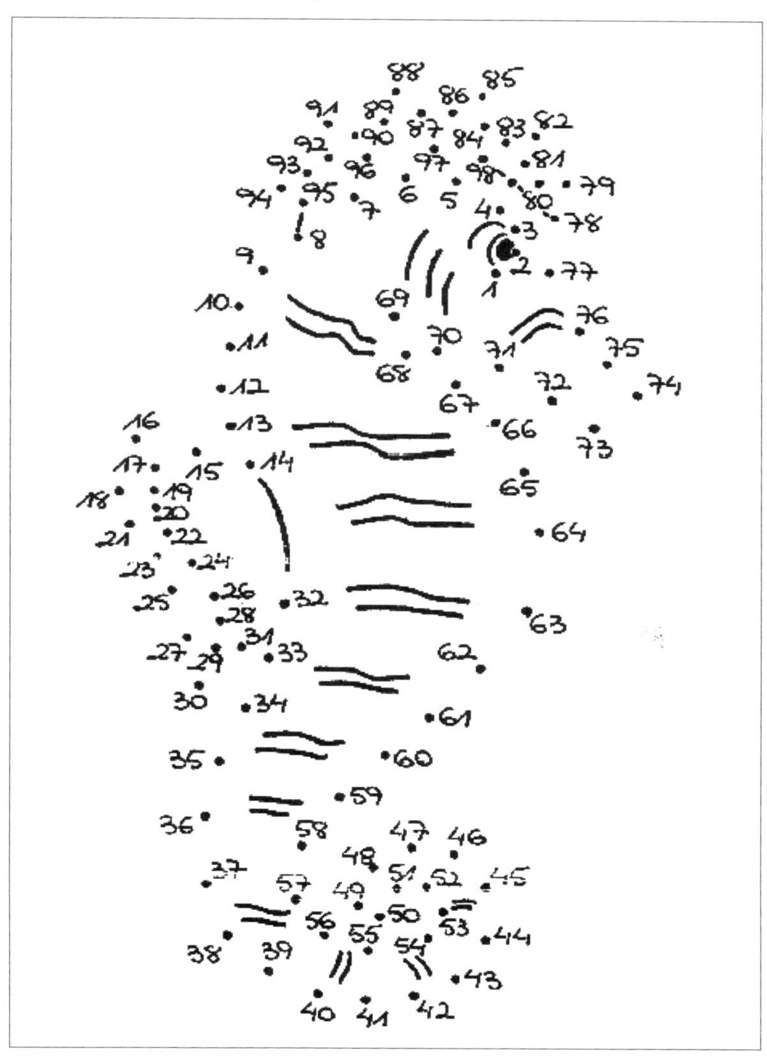

2 **Memória:** escreva o nome de 20 instrumentos musicais diferentes.

Violão

3 Habilidade: copie os símbolos da esquerda nos espaços de sua respectiva fileira.

⏪							
π							
$\}$							
$\Leftrightarrow$							
∞							
◗							
7							
⭘							
➧							
Ψ							
$\cong$							

4 **Linguagem:** escreva 35 palavras diferentes que comecem com **PAR-**.

*Par*tido...

5 **Raciocínio:** ordene os números de cada fileira, do *maior* para o *menor*. Coloque-os nos espaços inferiores.

- 38 / 52 / 62 / 32 / 48 / 59 / 21 / 37 / 56 / 41

- 78 / 35 / 64 / 71 / 59 / 32 / 62 / 30 / 76 / 53

- 29 / 82 / 36 / 23 / 87 / 48 / 27 / 31 / 45 / 65

- 67 / 40 / 85 / 39 / 97 / 58 / 103 / 73 / 111 / 46

- 56 / 64 / 82 / 97 / 86 / 52 / 84 / 113 / 43 / 69

- 37 / 46 / 92 / 72 / 129 / 85 / 34 / 99 / 77 / 109

6 **Atenção:** qual é a palavra que não possui par? Escreva-a no quadrado em branco.

lema	lira	lodo	lima	lupa
laca	lama	laço	lida	late
lata	lona	leal	limo	lago
lote	lapa	lava	laje	lapa
lida	lima	lago	lira	laca
late	leal	lupa	luva	lama
limo	lata	laje	lema	lodo
lava	lona	lote	laço	

7 **Linguagem:** coloque vogais em cada um dos espaços para formar uma palavra com significado.

D_t_	D_ _s	D_l_
D_c_	D_z_ _	D_n_
D_t_r	D_d_	D_r_
D_rd_	D_m_	D_d_l
D_pl_x	D_ _t_	D_ns_
D_ _d_	D_l_r	D_q_ _
D_sc_	D_q_ _	D_f_m_r
D_gn_	D_sd_	Dr_g_ _
D_bl_	D_ch_	D_m_n_ _
D_ _nt_	D_sp_d_	D_c_r_r
D_lg_d_	D_st_n_	D_sf_l_
D_ _c_n_	D_r_nt_	D_s_nh_

8 **Orientação:** sombreie, no quadro inferior, as mesmas estrelas do quadro superior.

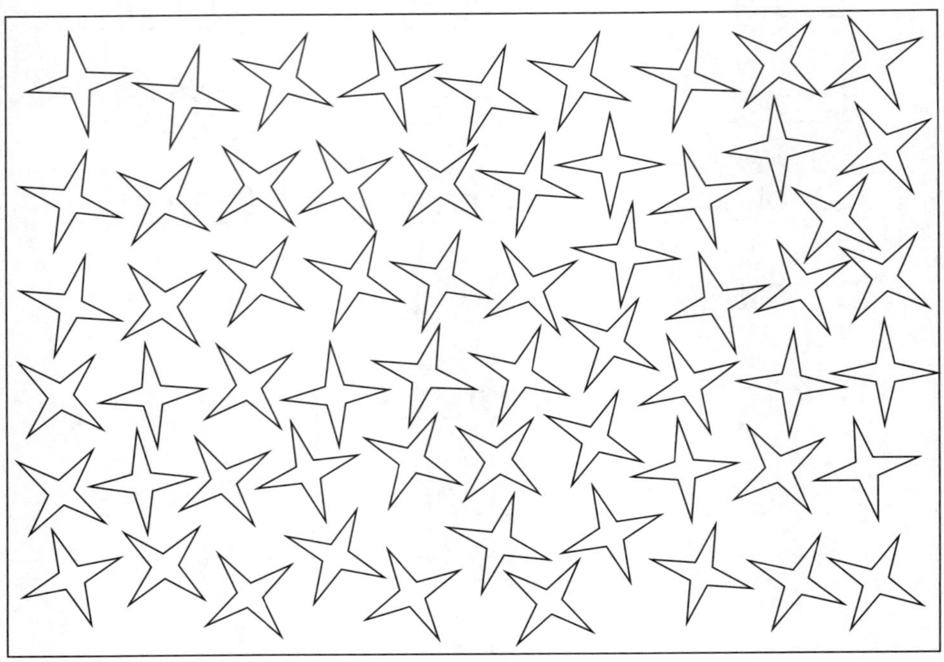

9 Linguagem:

• Escreva 10 palavras com 4 letras que comecem com a letra "**E**":
Eixo...

• Escreva 10 palavras com 5 letras que comecem com a letra "**E**":
Ecoar...

• Escreva 10 palavras com 6 letras que comecem com a letra "**E**":
Enigma...

• Escreva 10 palavras com 7 letras que comecem com a letra "**E**":
Espelho...

• Escreva 10 palavras com 8 letras que comecem com a letra "**E**":
Esticado...

10 **Associação:** memorize o modelo, associando, para isso, cada estrela com seu número correspondente. Em seguida, escreva da esquerda para a direita seu respectivo número embaixo de cada letra, conforme indicado.

Modelo

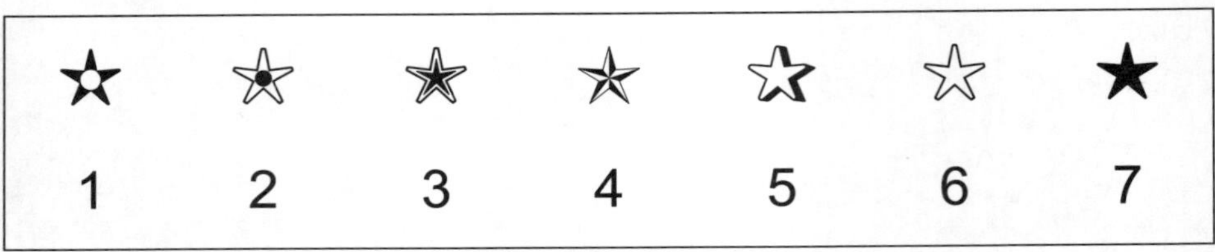

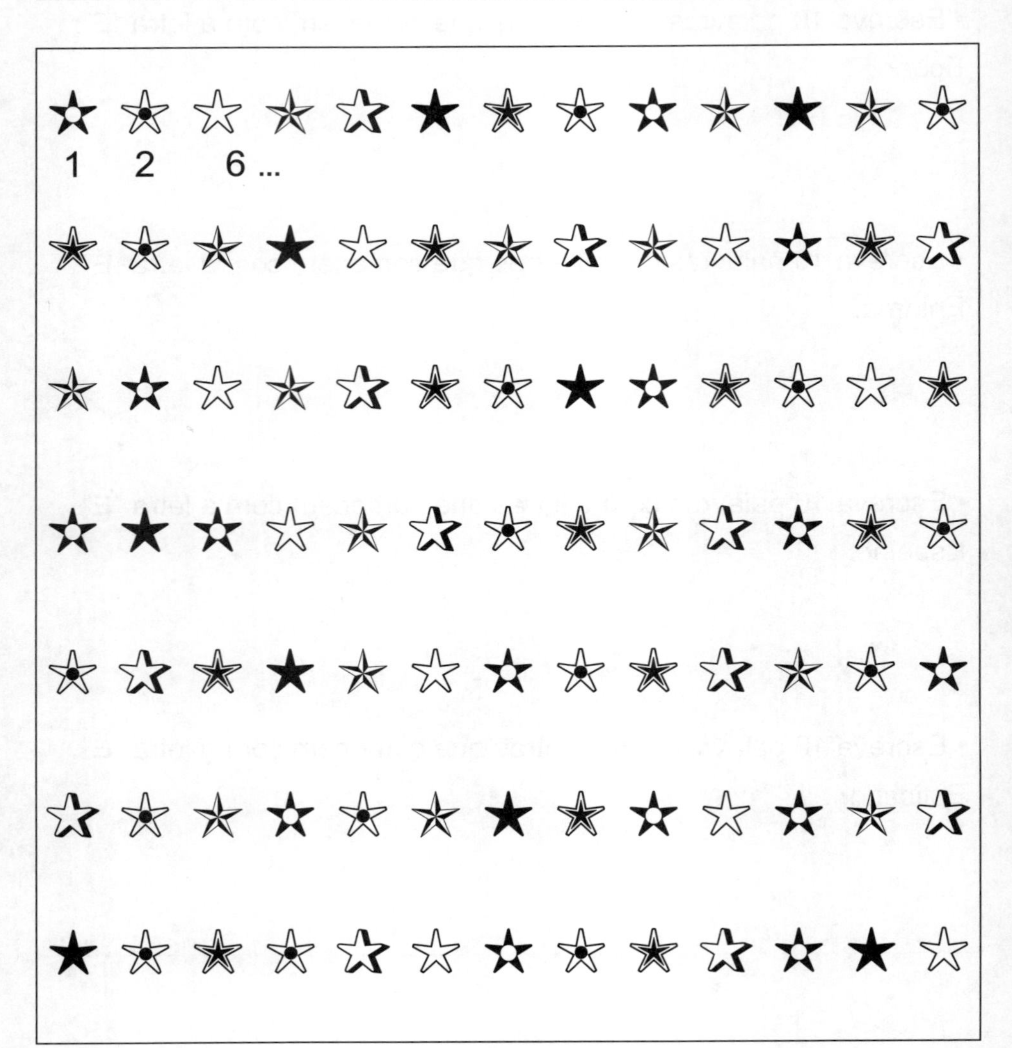

11 Orientação: use como ponto de referência seu próprio corpo. Escreva uma palavra que comece com a letra **H** dentro do círculo situado à direita. Escreva o resultado de **87 + 34** dentro do círculo debaixo do círculo central. Escreva o símbolo de **adição** dentro do círculo à esquerda. Escreva o nome de um **meio de transporte não motorizado** dentro do círculo do centro. Escreva o resultado de **874 – 385** dentro do círculo situado à direita. Escreva uma **palavra com 11 letras** dentro do círculo à esquerda. Escreva a metade de **96** dentro do círculo debaixo. Escreva o nome de um **animal de estimação** no círculo de cima. Escreva o resultado de **9 x 6** dentro do círculo do centro. Escreva o dia em que se comemora o **Natal** dentro do círculo de cima. Escreva o nome de um **rio** no círculo à esquerda. Escreva o nome de um **continente** dentro do círculo de cima.

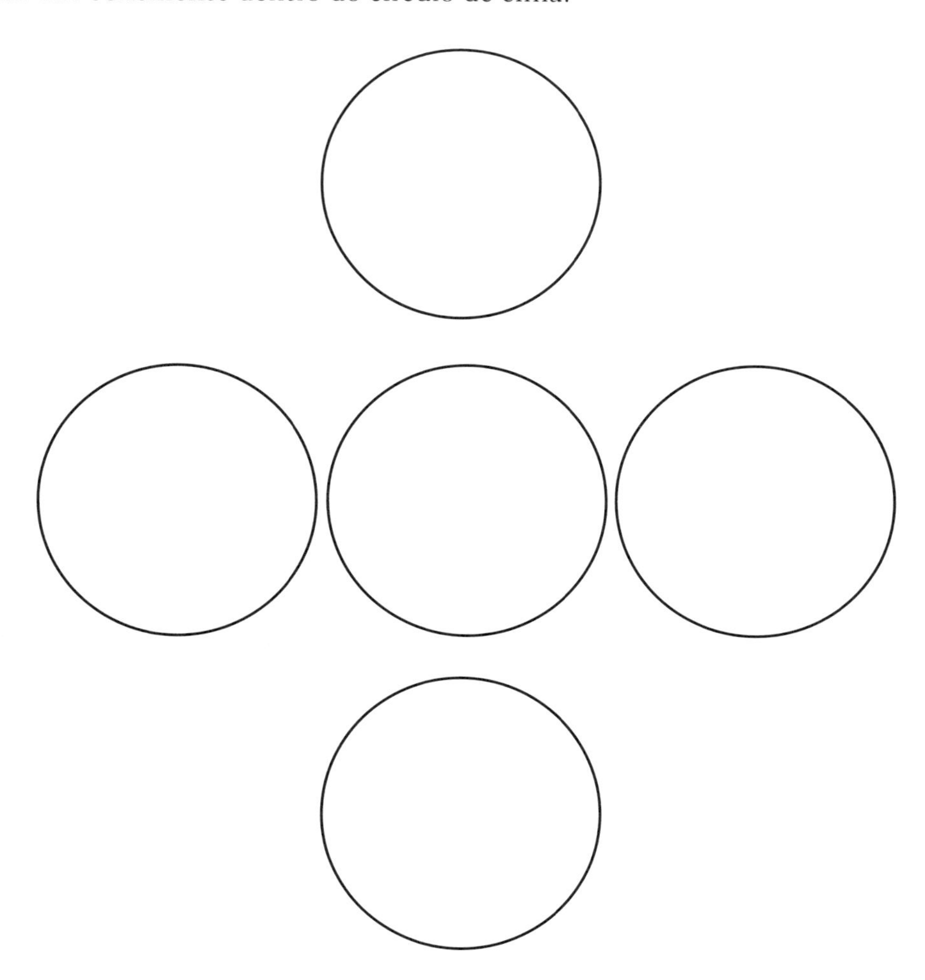

12 **Linguagem:** ordene as letras dos seguintes nomes próprios, tanto os masculinos quanto os femininos.

Exemplo:	O A N I S: S O N I A

É L A C I: _ _ _ _ _ _	L E S I A: _ _ _ _ _
R O C S A: _ _ _ _ _ _	É L F I X: _ _ _ _ _
I L Ú J A: _ _ _ _ _ _	A L U A R: _ _ _ _ _
R O M I Á: _ _ _ _ _ _	A R T M A: _ _ _ _ _
E R I E N: _ _ _ _ _ _	Ú L C A I: _ _ _ _ _
G I D E O: _ _ _ _ _ _	S E U J S: _ _ _ _ _
F O L R A: _ _ _ _ _ _	T Á A G A: _ _ _ _ _

13 Raciocínio: agrupe laços de cinco em cinco, separando-os por linhas, como é mostrado. Quantos laços restam sem agrupar?

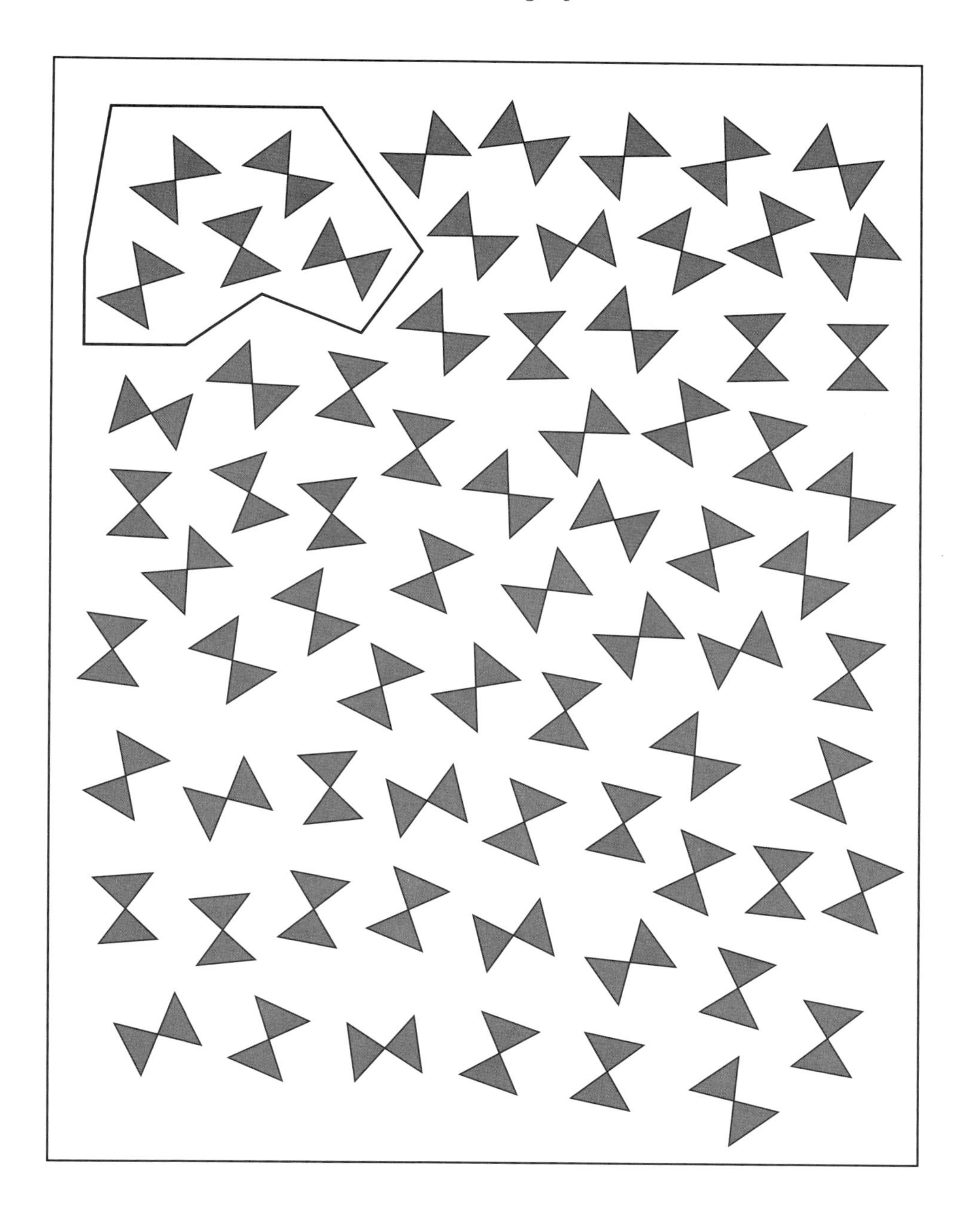

14 **Memória:** leia atentamente as palavras do quadro e tente memorizá-las. Em seguida, vire a folha e escreva o máximo de palavras que conseguir se lembrar.

15 **Cálculo:** resolva as seguintes operações numéricas.

9 + 14 =	4 + 63 =	45 – 8 =	95 – 7 =
8 + 17 =	9 + 84 =	76 – 4 =	86 – 4 =
7 + 24 =	3 + 79 =	93 – 9 =	74 – 8 =
5 + 16 =	5 + 49 =	55 – 8 =	38 – 6 =
4 + 23 =	7 + 28 =	27 – 8 =	13 – 9 =
8 + 14 =	6 + 19 =	65 – 7 =	49 – 6 =
6 + 33 =	6 + 49 =	83 – 6 =	94 – 7 =
8 + 43 =	8 + 81 =	28 – 9 =	72 – 5 =
5 + 52 =	4 + 75 =	94 – 5 =	39 – 6 =
7 + 84 =	9 + 37 =	37 – 8 =	51 – 7 =
6 + 32 =	8 + 62 =	93 – 5 =	22 – 6 =
9 + 73 =	7 + 48 =	75 – 7 =	64 – 9 =
8 + 44 =	6 + 72 =	82 – 6 =	37 – 5 =
4 + 39 =	5 + 84 =	68 – 9 =	85 – 7 =
7 + 92 =	9 + 63 =	21 – 8 =	52 – 8 =
5 + 67 =	8 + 27 =	87 – 5 =	63 – 5 =
5 + 82 =	6 + 88 =	42 – 7 =	11 – 4 =

16 **Linguagem:** complete o quadro a seguir. Comece com as palavras de uma mesma fileira com a letra indicada à esquerda, e considere as categorias da parte superior do quadro para escrever uma palavra relacionada. Na primeira casa você terá de escrever um sobrenome que comece com a letra B; ao seu lado, uma gema (pedra preciosa ou semipreciosa) que comece com a letra B; seguindo, um objeto de madeira que comece com a letra B etc. Na segunda fileira, as palavras começam com a letra P, portanto, você terá de escrever um sobrenome que comece com a letra P; ao seu lado, uma gema que comece com a letra P, e assim por diante.

LETRA	SOBRENOME	GEMA	OBJETO DE MADEIRA	ADJETIVO	OBJETO REDONDO	CONSTRUÇÃO HUMANA
B						
P						
C						
G						
R						
D						
A						

17 **Memória:** escreva o nome de 35 meios de transporte diferentes.

Bicicleta...

18 **Orientação:** siga as seguintes instruções: coloque os símbolos nas coordenadas correspondentes, guiando-se pela letra e pelo número para encontrar o quadrado indicado. Por exemplo: para 1E → ?, marque na coluna:

6C → ⑧	7B → 🎗	3D → ➚	6H → ◀
9F → □	1A → ▞	5E → ▲	7C → ♫
2H → ▰	5C → ⊖	3F → ◆	8D → ✕

	A	B	C	D	E	F	G	H
1					?			
2								
3								
4								
5								
6								
7								
8								
9								

19 Linguagem: selecione um adjetivo do quadro para cada frase. Todas as frases devem conter um adjetivo correspondente que seja coerente com elas.

CONFORTÁVEL – TRÁGICA – INSUSTENTÁVEL
EXECELENTE – ÚMIDO – TEDIOSA – ABUNDANTES
TRAVESSO – ESPETACULAR – TENSA – ELEGANTE

- Meu sobrinho é muito ____________________
- Atualmente, a situação é ____________________
- O desempenho dos trapezistas foi __________
- A casa de Margarida é ____________________
- O vestido que foi comprado é ______________
- O clima aqui é ____________________
- A notícia do dia é ____________________
- A partida de futebol está ____________________
- A reunião familiar foi ____________________
- A comida estava ____________________
- As chuvas nos Pireneus foram ______________

20 **Raciocínio:** escreva nos espaços da direita, em algarismos, os seguintes números escritos por extenso.

Oitocentos e quarenta e três.	
Setecentos e oito.	
Novecentos e cinquenta e três.	
Mil oitocentos e quarenta e cinco.	
Mil setecentos e três.	
Oito mil e seis.	
Dezenove mil e trinta e quatro.	
Noventa e três mil setecentos e seis.	
Duzentos e quatro mil trezentos e vinte.	
Seiscentos e vinte e um mil e quarenta.	
Oitocentos e um mil e dezessete.	
Setecentos e quarenta e três mil e dois.	
Um milhão, vinte e quatro mil trezentos e vinte.	

21 **Atenção:** indique quantas letras diferentes das do modelo existem no quadro inferior.

Modelo

ẵ ű ẁ ἅ ž

ź ů ẵ ẁ ź ű ἅ ž ų ẵ ž ἃ ắ

ẵ ẃ ἅ ằ ů ẁ ἃ ź ű ẃ ž ἅ

ẁ α̋ ẵ ű ź ἅ ů ẵ ž ắ ἅ ẃ

ű ẁ ź ẵ ů ẃ ἅ ž α̋ ź ŵ ắ

ẵ α̋ ắ ű ź ἅ ẁ ů ž ẃ ẵ ἃ

ů ẵ ẁ ź ἅ ắ ẃ ž ű ἃ ż ẁ

ž ắ ű ẵ ẃ ž ἃ ů ẁ ἅ ắ ž

ẵ ẁ α̋ ű ž ἅ ź ắ α̋ ů ẃ ἅ

22 **Linguagem:** escreva a sílaba de duas letras que falta em cada uma das seguintes palavras, para que estas adquiram significado.

Be _ _ ga	Ma _ _ na	Ze _ _ so
Co _ _ da	Pe _ _ ca	Mu _ _ ta
Pa _ _ la	Po _ _ ra	Ba _ _ to
Ju _ _ ba	Co _ _ ta	Mu _ _ ta
Cá _ _ do	Tú _ _ ca	Ma _ _ as
Re _ _ xo	Cô _ _ co	Cu _ _ te
Do _ _ te	Pe _ _ ca	Pá _ _ na
Sa _ _ va	Cá _ _ ce	Pa _ _ ta
Rá _ _ do	Di _ _ te	Ca _ _ lo
Gi _ _ fa	Fe _ _ no	Ra _ _ na

23 **Orientação:** siga as seguintes indicações: pinte de PRETO o quadro abaixo da letra K; pinte de ROSA o quadro acima da letra A; pinte de LARANJA o quadro abaixo da letra J; pinte de LILÁS o quadro acima da letra E; pinte de VINHO o quadro abaixo da letra R; pinte de CINZA o quadro acima da letra C; pinte de VERDE o quadro acima da letra L; pinte de MARROM o quadro abaixo da letra P; pinte de VERMELHO o quadro abaixo da letra A; pinte de AZUL-ESCURO o quadro acima da letra T; pinte de AZUL-CLARO o quadro abaixo da letra L; pinte de AMARELO o quadro acima da letra O.

S	J	R
☐	☐	☐
L	P	M
☐	☐	☐
K	B	A
☐	☐	☐
V	C	Z
☐	☐	☐
T	O	E

24 **Raciocínio:** cada conjunto de objetos vale R$ 8,00. Cada objeto tem um valor específico. Indique o valor de cada um deles e escreva no espaço à direita.

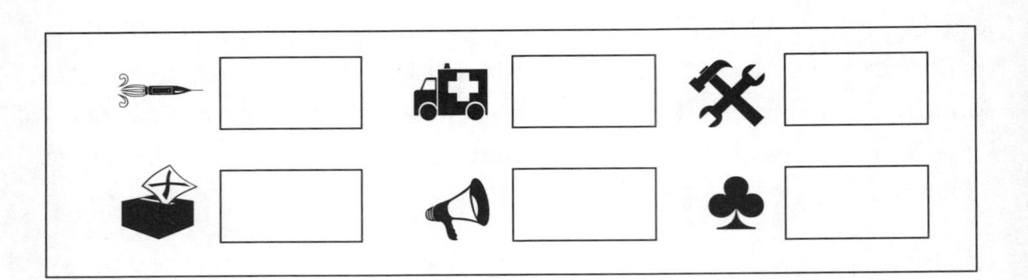

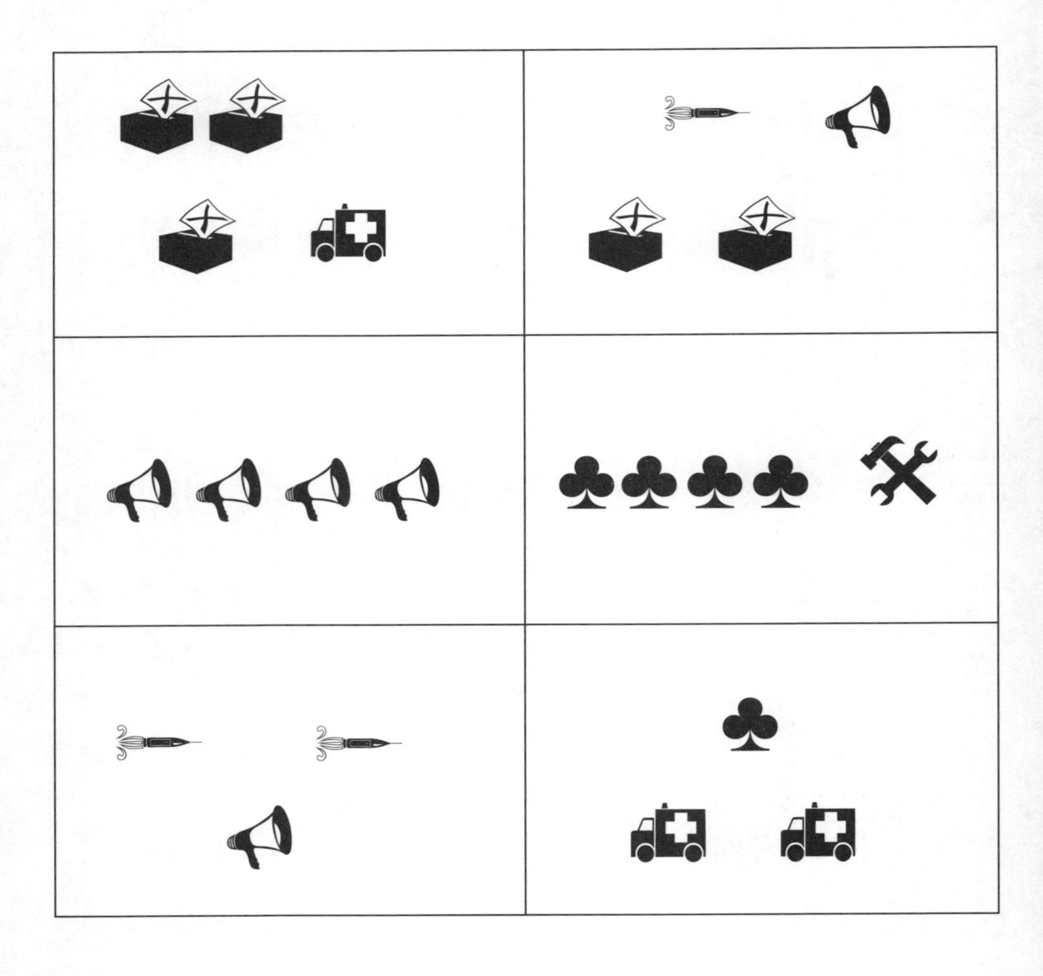

25 Linguagem: escreva palavras com sete letras; coloque uma letra em cada quadrado.

26 Atenção: localize uma série de palavras no quadro de letras. Elas podem ser encontradas não apenas em linha reta, mas em qualquer direção. Podem estar de cima para baixo, de baixo para cima, na horizontal tanto da esquerda para a direita quanto da direita para a esquerda, na diagonal ascendente ou descendente, tanto da esquerda para a direita quanto da direita para a esquerda. As palavras estão a seguir; marque-as com um lápis.

INTERNET – POSTAL – FAX – CARTA
JORNAL – CELULAR – TELEGRAMA
RÁDIO – TELEFONE – LIVRO – SMS

V	T	B	U	R	T	N	T	O	L	M	S	F	R	T
A	G	C	P	D	S	C	E	L	D	A	E	I	A	I
N	I	B	A	N	S	A	G	T	C	X	T	M	D	E
R	S	B	E	E	N	O	F	E	L	E	T	S	I	J
M	D	I	J	S	T	G	C	N	X	E	L	C	O	T
L	S	M	S	A	C	A	E	R	L	O	M	C	U	P
O	E	G	D	B	R	R	S	E	Z	L	I	E	X	O
U	A	O	R	T	D	A	G	T	S	D	C	C	G	B
B	X	Z	A	U	E	R	D	N	J	P	E	E	T	M
C	M	N	J	B	A	G	R	I	O	Z	S	L	G	F
F	K	A	X	M	S	O	R	J	R	L	A	U	M	B
P	N	S	A	C	J	E	S	X	N	D	E	L	S	L
R	I	X	F	L	P	M	E	G	A	C	T	A	A	N
M	E	L	Z	S	O	H	A	N	L	I	V	R	O	E

27 **Memória:** descreva o procedimento para se escrever uma carta a um familiar.

Objetos necessários:

Procedimento:

28 **Habilidade:** copie o modelo seguinte, com todos os detalhes, no quadro inferior.

Modelo

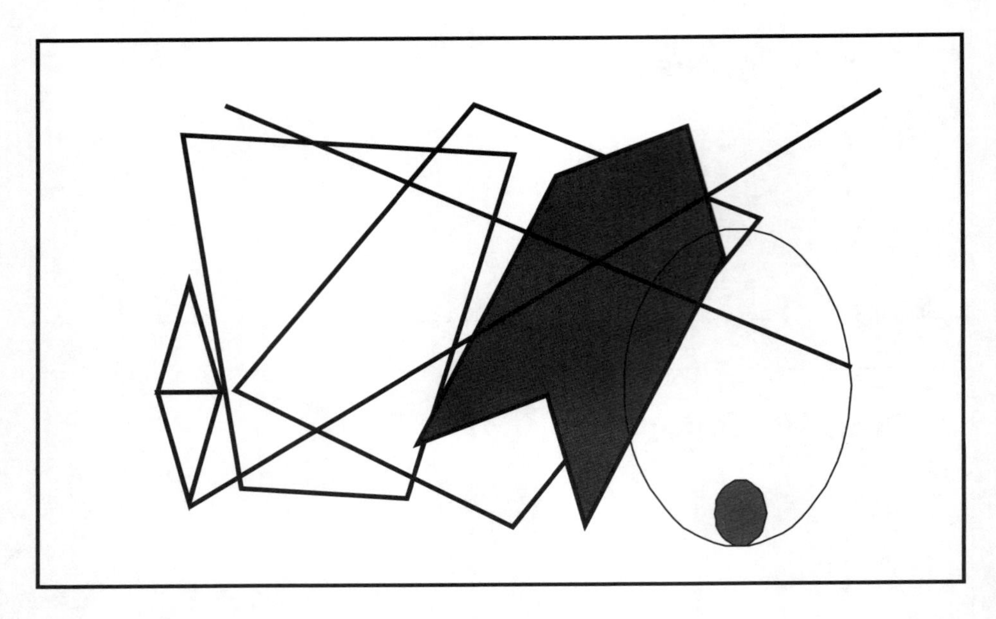

29 **Linguagem:** escreva 35 palavras diferentes terminadas em -PA:

Mapa...

30 Abstração: escreva nos espaços da direita a qual categoria pertence cada uma das duplas de palavras a seguir. Siga o exemplo:

Armário e sofá	Móveis

Dez e quatorze	
Ludo e damas	
Tietê e Solimões	
Braço e perna	
Pentágono e quadrado	
Abril e julho	
Marquês e conde	
Tramontana e levante	
Baguete e ciabatta	
Democratas e republicanos	
Madri e Roma	
Maria e José	
Leão e Sagitário	
Pinheiro e abeto	
Adaga e faca	

31 **Raciocínio:** escreva o máximo de combinações numéricas possíveis, do *menor* para o *maior*, com todos os números de uma mesma fileira.

- 4 – 2 – 7 – 1

- 8 – 9 – 1 – 5

32 **Orientação:** copie, simetricamente, o seguinte desenho no retângulo à esquerda. Reproduza-o como se houvesse um espelho na linha central que separa os dois retângulos.

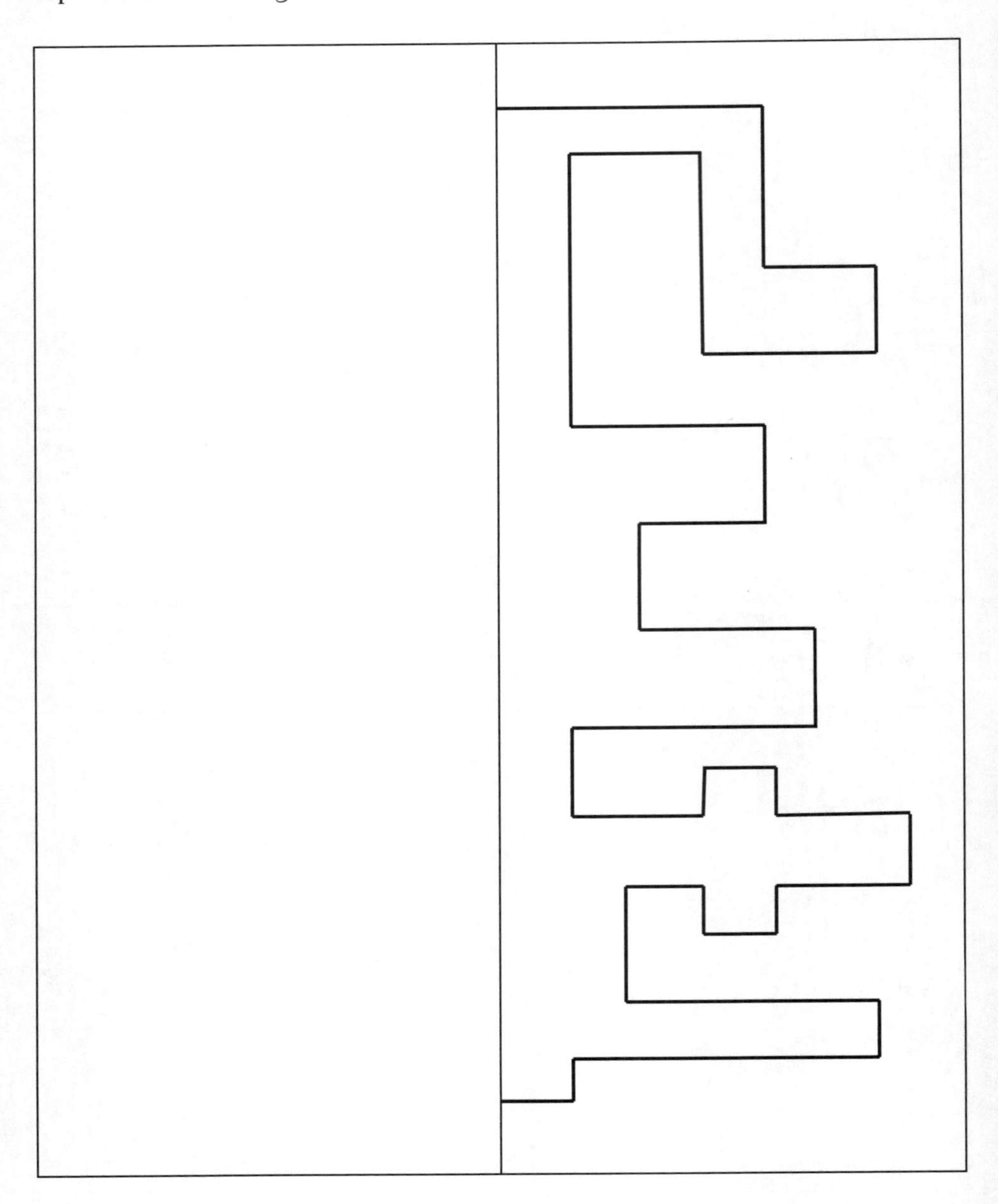

33 **Raciocínio:** situe as seguintes palavras nos espaços do quadro. Para isso, coloque cada uma das letras das palavras em um quadrado; por exemplo, sete quadrados contíguos indicam que a palavra tem sete letras. As palavras são lidas da esquerda para a direita e de cima para baixo.

CRINA – BRONZEADO – SENSAÇÃO – ELA – GRAMPO – BARULHO
EXTRAORDINÁRIO – ERARIA – TRIO – ATLAS – OVO – SETA – RÃ
TI – OSTRA – RÉ – HERMÉTICO – BOA – AR – PÃO – GOVERNAR
SINDICATO – ÊMBOLO – ILHA – ANEL – LIO – PÉS – PRIMEIRO

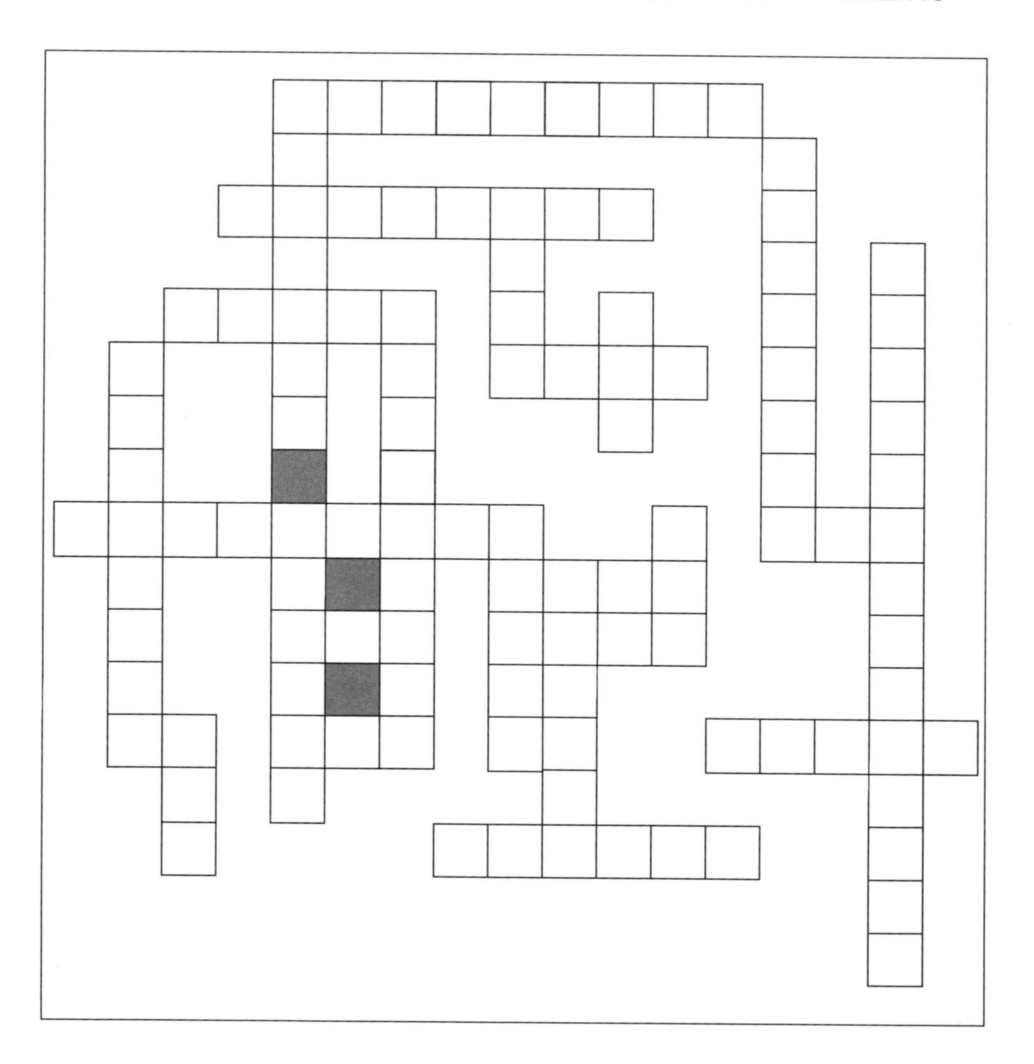

34 **Atenção:** qual é o objeto que mais se repete? Indique quantos há de cada um deles.

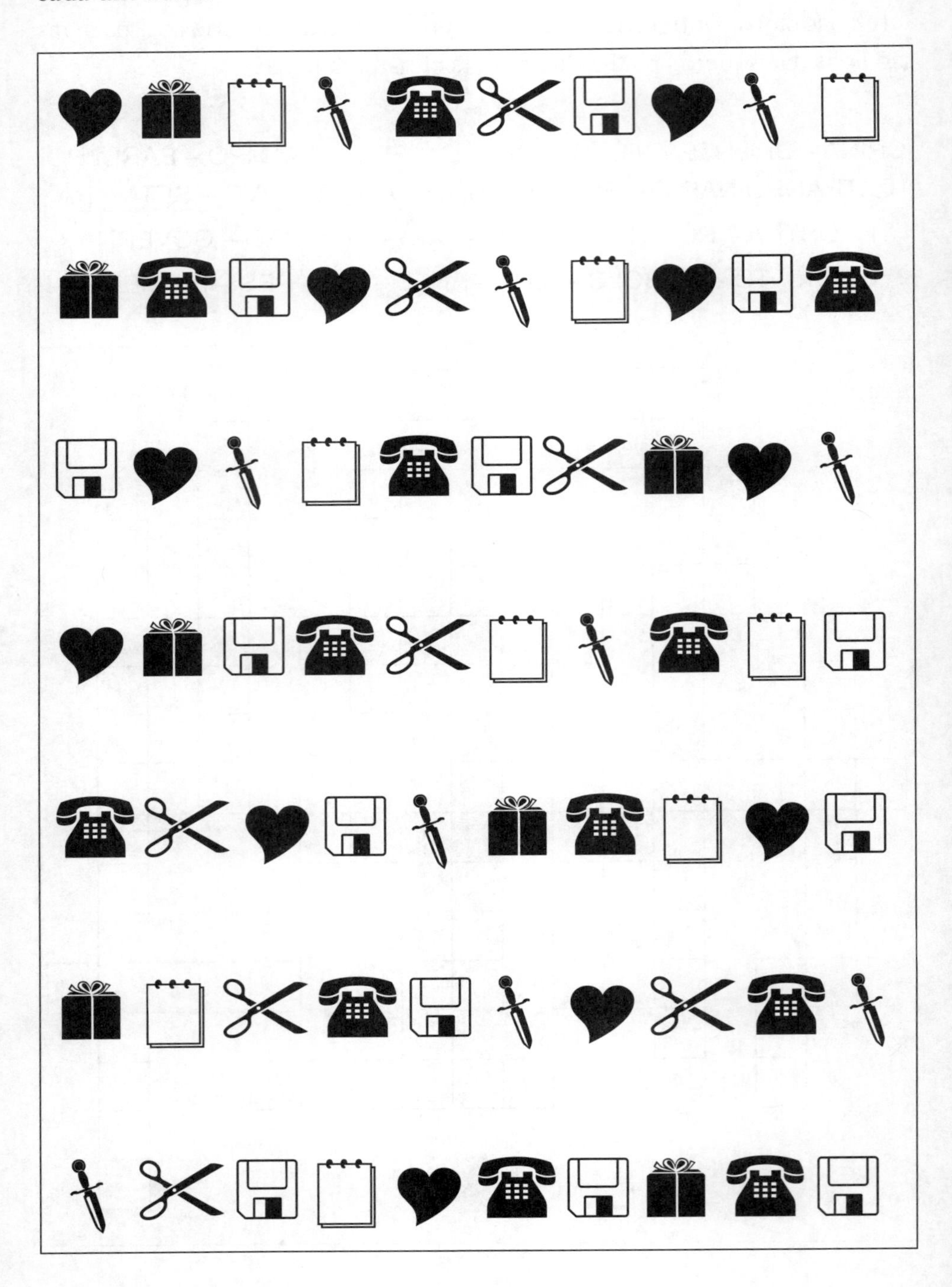

35 **Memória:** escreva, em cada linha, sem repetições, um objeto que se encaixe nas características indicadas.

- Frágil e alongado ________________________
- Líquido e verde ________________________
- Transparente e quadrado ________________
- Duro e pequeno ________________________
- Volumoso e leve ________________________
- Prateado e redondo _____________________
- Alongado e rosa ________________________
- Cilíndrico e azul ________________________
- Retangular e pequeno ___________________
- Metálico e quadrado ____________________
- Dourado e verde ________________________
- Caro e de madeira ______________________
- Leve e marrom _________________________

36 **Linguagem:** ordene as frases a seguir.

1.	doces prefiro aos frutas e verduras as
2.	breve meu preferido praticar em a esporte voltarei
3.	melhor oferecer do algum pedir sempre é que favor
4.	onde gente lugares não à tem vontade fico muita em
5.	passada excursão semana na fizemos às uma montanhas
6.	passei família um com lindo minha hoje dia
7.	morar que hoje viemos casa nesta dois faz anos
8.	se teria fosse cinema irmã ido não por minha ao ontem eu

37 **Atenção:** qual dos símbolos do quadro repete-se quatro vezes? Quais não se repetem?

¥ ξ µ Ә Џ Ю Д Б

Џ Д Ю ¥ Ч Ф § Ђ

¥ ξ § æ Ә Ħ Ł Ω

Ю Ч Ә ґ Д Џ Ђ £

Д Ф Ħ Џ § Ю Б ¥

§ æ Ω Ђ £ Ә Ħ

Ħ ß Ә µ Ф Ł Э Ђ

38 **Habilidade:** copie o modelo nas figuras em cada fileira.

Modelo

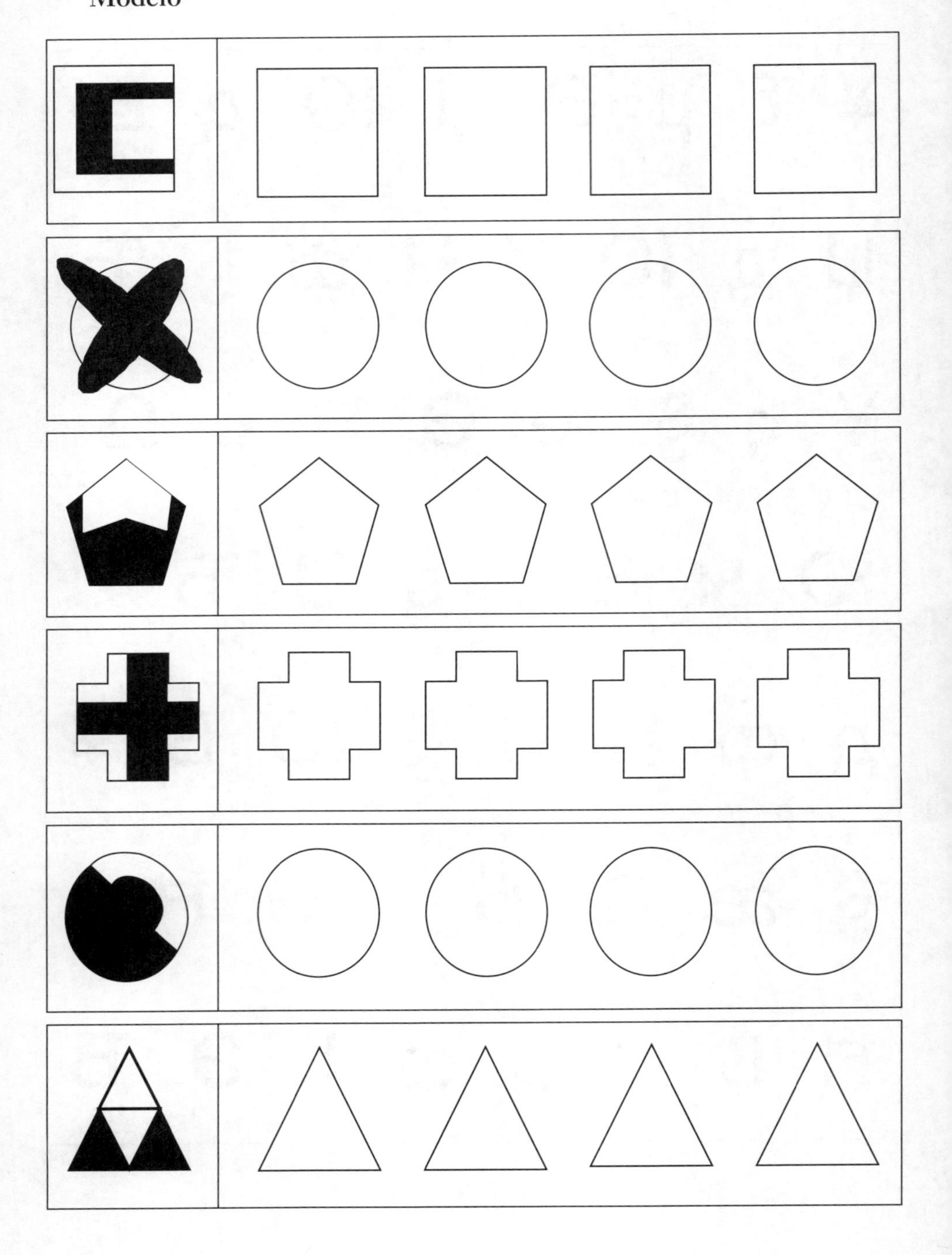

39 **Raciocínio:** escreva nos espaços da direita, por extenso, os seguintes números.

473	
821	
4.567	
6.901	
10.843	
19.735	
36.903	
106.803	
700.008	
938.106	
801.120	
1.004.782	
8.170.000	
7.937.001	
2.725.187	

40 **Linguagem:** escreva o oposto de cada um dos vocábulos das colunas utilizando apenas uma palavra.

Decente →	Defesa →
Evolução →	Ânimo →
Ilusão →	Acerto →
Verdade →	Oriente →
Seco →	Prisioneiro →
Luxo →	Pesado →
União →	Viável →
Igual →	Dócil →
Insulto →	Traidor →
Honra →	Certo →
Louco →	Enviar →
Hábil →	Solvente →

41 **Atenção:** leia o seguinte texto. Quantas vogais há nele?

> Seja um doador de órgãos. Enfrentar a hemodiálise é uma batalha. Entrar em uma sessão do tratamento e sair dela bem (dentro do possível), ou, pelo menos, sair vivo, já é uma vitória para um paciente com insuficiência renal crônica. Ganha-se uma batalha, mas a luta continua.

42 **Memória:** escreva o nome de 35 jogos diferentes.

Gamão...

43 **Orientação:** indique onde estão situados os seguintes símbolos. Marque o número e a letra correspondentes. Siga o exemplo: ? → 1E. Localize:

🗗 → ✦ → 👄 → ⯐ →

✝ → ☼ → ¶ → ♊ →

⌖ → ⅄ → Φ → □ →

	A	B	C	D	E	F	G	H
1					?			
2	⯐					⅄		
3			#		¢			¶
4							👄	
5				✦				
6	□					✝		
7				☼				⌖
8		🗗				Φ		
9					♊			

44 **Linguagem:** escreva uma frase ou história curta com as palavras de um mesmo grupo.

Exemplo

REUNIÃO – DISCUSSÃO – GATO – SALA

Na reunião originou-se uma discussão motivada por um gato que entrou na sala.

CARRO – LÁPIS – ONTEM – PORTA

CREME – RIXA – FLAUTA – BOTA

ADIANTE – FREIO – LÍRIO – HISTÓRIA

MALA – ÁRVORE – NUVEM – SELO

45 **Cálculo:** resolva as seguintes operações numéricas.

2 x 3 =	7 x 4 =	2 x 7 =
6 x 2 =	3 x 3 =	8 x 9 =
3 x 5 =	6 x 8 =	3 x 4 =
4 x 4 =	5 x 4 =	7 x 9 =
7 x 8 =	6 x 6 =	6 x 4 =
6 x 5 =	2 x 8 =	3 x 8 =
8 x 4 =	3 x 6 =	6 x 7 =
2 x 9 =	2 x 4 =	2 x 5 =
3 x 7 =	8 x 8 =	9 x 4 =
9 x 9 =	3 x 9 =	5 x 8 =
5 x 5 =	5 x 7 =	6 x 9 =
2 x 2 =	7 x 7 =	9 x 5 =

46 **Memória:** escreva quatro ingredientes necessários para preparar os seguintes alimentos, um em cada espaço.

INGREDIENTES NECESSÁRIOS

Canelone				
Salada				
Sopa de lentilhas				
Macarrão				
Canjica				
Salada russa				
Vichyssoise				
Caldo verde				
Misto-quente				
Lasanha				
Madalenas				
Escalope				

47 Orientação: sombreie as mesmas figuras do quadro superior no quadro inferior, escurecendo-as na mesma posição.

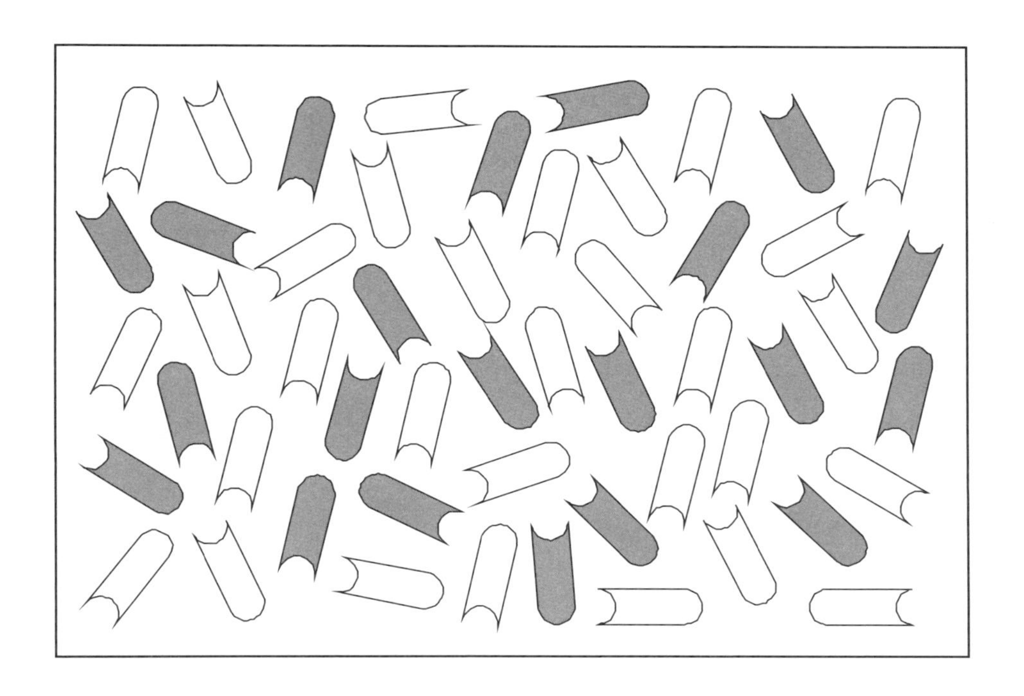

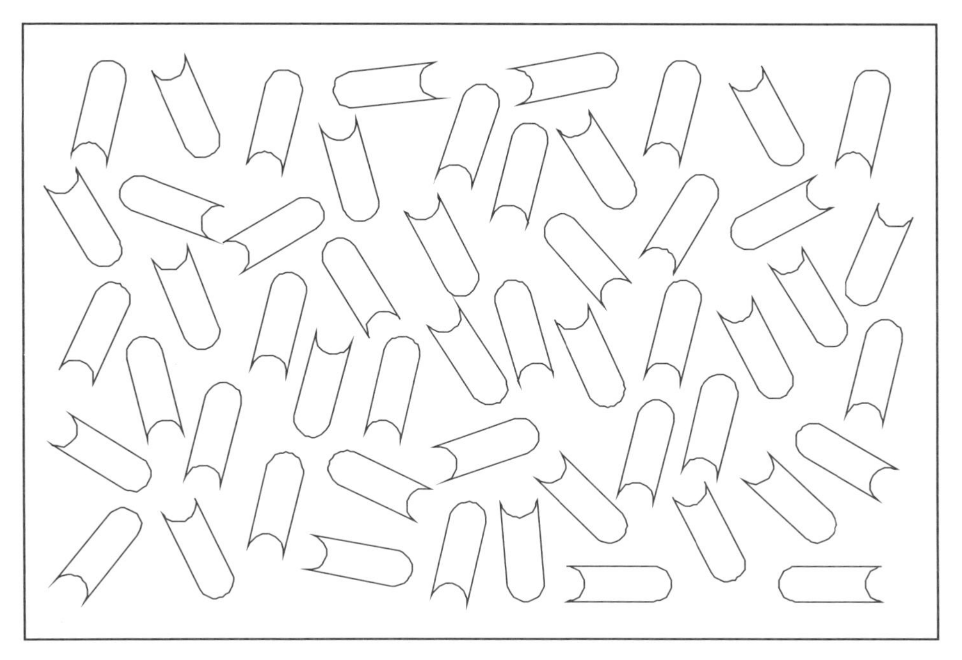

48 **Linguagem:** dê o nome daquilo que está sendo definido.

- Estandarte que representa uma nação ou um grupo de pessoas ____________

- Quando duas ou mais pessoas entram em um acordo no qual a pessoa que acertar o que foi proposto ou ganhar em um jogo obterá o que foi acordado ____________

- Representação da cena do nascimento de Jesus Cristo feita com imagens ou com pessoas que a encenam ____________

- Adquirir algo em troca de dinheiro ____________

- Moradia de dois andares, comunicados por uma escada interior ____________

- Conjunto dos acontecimentos e fatos que têm ocorrido no mundo ____________

- Bolsa ou saco de tecido resistente que serve para carregar coisas ao sair em excursão, para acampar ou para ir à aula. Leva-se nas costas ____________

- Substância estimulante encontrada em lojas de tabaco; é muito prejudicial à saúde ____________

- Evitar um dano, perigo ou enfermidade antes que se manifeste ____________

- Voltar a possuir uma coisa que se havia perdido ou se havia deixado de ter ____________

- Gravação de um filme de cinema ____________

- Coberta de lona ou tela resistente que se coloca em alguns lugares para se obter sombra ____________

- Conjunto de pratos, vasilhas, copos, taças e xícaras, usados para apresentar e servir a comida e a bebida na mesa ____________

49 Atenção: cada nome de mulher está unido a um nome de homem. Indique quais são os pares formados:

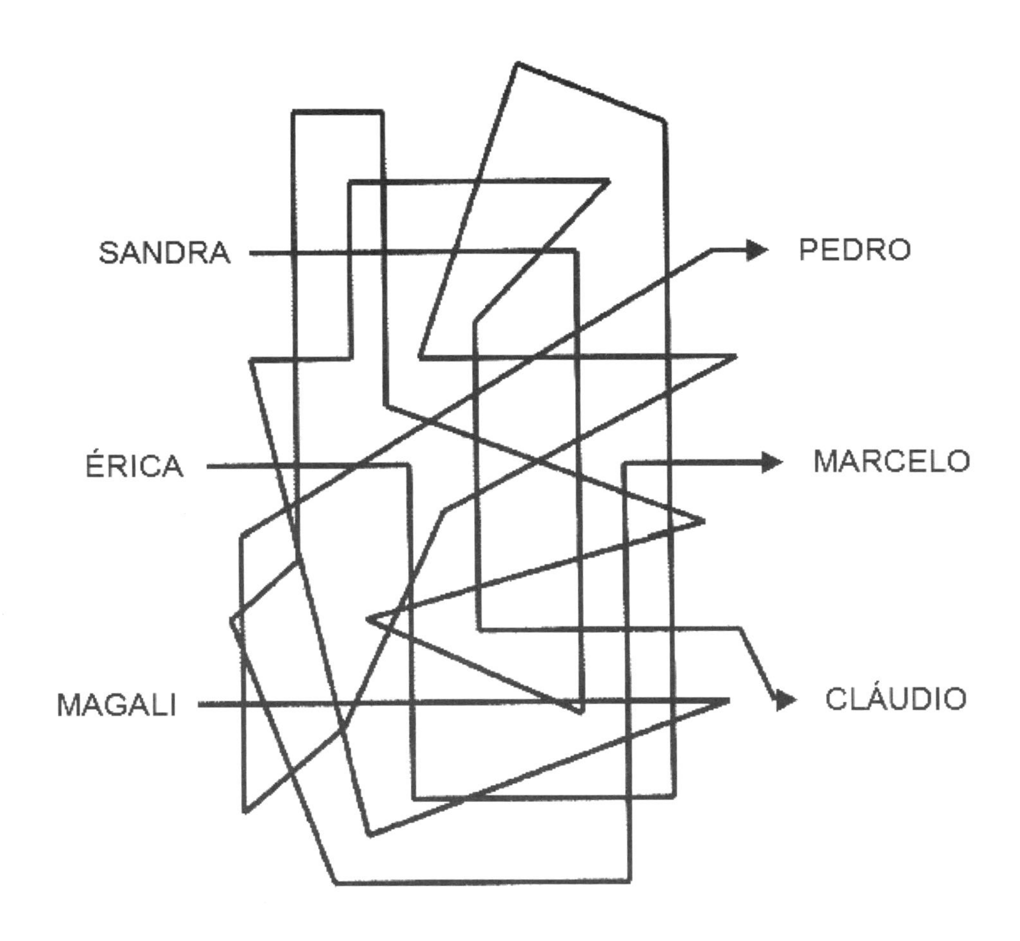

50 **Habilidade:** copie os símbolos da esquerda nos espaços de sua respectiva fileira.

Ψ							
$\propto$							
Ξ							
$\subseteq$							
$\approx$							
φ							
$\neq$							
ς							
γ							
λ							

51 **Linguagem:** escreva 35 palavras diferentes que comecem por **TER-**:

Térmica...

52 **Raciocínio:** ordene os números de cada fileira *do menor para o maior*. Coloque-os nos espaços inferiores.

- 76 / 45 / 39 / 28 / 64 / 32 / 41 / 73 / 36 / 62

- 81 / 74 / 52 / 79 / 86 / 78 / 58 / 49 / 82 / 42

- 18 / 76 / 62 / 16 / 73 / 68 / 51 / 28 / 46 / 25

- 53 / 41 / 38 / 56 / 49 / 54 / 96 / 47 / 32 / 91

- 98 / 84 / 92 / 82 / 76 / 101 / 111 / 71 / 95 / 89

- 72 / 87 / 90 / 104 / 108 / 88 / 75 / 100 / 71 / 96

53 Raciocínio: quantos números pares existem? __________ Marque-os com um “X”.

1 3 5 2 6 4 8 3 6 1 2 4 9 7 6 1 3 2 5 4 1 6 5

5 7 4 6 2 8 4 9 2 8 4 1 4 3 8 4 7 9 2 5 3 5 3

8 6 3 5 4 2 1 4 7 5 8 9 2 9 4 3 2 8 4 6 3 2 4

5 8 9 2 3 5 7 1 4 3 2 8 9 3 8 6 5 3 5 7 9 5 2

9 5 6 3 5 7 9 2 5 6 8 9 4 2 3 4 6 8 9 5 3 1 6

6 3 5 9 7 2 5 6 8 9 1 2 8 6 4 6 8 2 9 4 3 2 9

5 8 4 7 9 3 2 6 7 8 9 5 6 2 3 4 5 6 8 5 4 3 2

3 9 7 6 4 2 3 4 5 6 7 8 9 3 6 2 7 9 4 9 3 2 1

9 7 5 3 6 2 3 6 8 9 6 1 3 2 5 7 9 3 6 8 2 4 6

2 6 5 4 3 4 5 2 7 8 2 5 6 7 8 9 2 3 5 4 3 6 7

9 8 6 2 4 6 5 7 8 9 3 4 2 1 2 3 4 3 8 4 8 4 3

8 6 4 5 7 8 4 3 2 5 7 8 3 7 8 9 2 4 6 8 6 5 4

1 7 5 3 4 5 6 8 4 3 4 8 5 3 5 7 9 5 3 4 3 6 7

54 Atenção: trace com um lápis o caminho mais curto que leva ao círculo preto no centro. Evite trajetos sem saída e busque um único caminho direto ao círculo. Antes de marcar o caminho, assegure-se de que está correto. Inicie o percurso do exterior.

55 Orientação: siga as seguintes indicações: partindo da flecha situada na parte superior direita, trace linhas retas de ponto a ponto. Trace três pontos para a esquerda, seis para baixo, três para a direita, dois para baixo, seis para a esquerda, seis para cima, dois para a esquerda, quatro para baixo, quatro para a esquerda, cinco para cima, três para a esquerda, sete para baixo, sete para a direita, dois para baixo, sete para a direita, dois para baixo, nove para a esquerda, três para cima, dois para a esquerda, três para baixo, dois para a esquerda, dois para baixo, doze para a direita, um para baixo e sete para a esquerda.

56 **Organização:** distribua os diferentes pratos apresentados no menu semanal de comidas. Cada dia da semana deve conter um prato principal, um acompanhamento e uma sobremesa. Não faça repetições.

Sorvete de chocolate – Batata-frita – Salada verde – Gelatina
Torta holandesa – Bife acebolado – Nhoque – Purê de batatas
Arroz branco – Bolinho de mandioca – Almôndegas – Feijoada
Mousse de limão – Carne vegetariana – Torta de banana –
Romeu e Julieta – Couve – Hambúrguer – Bacalhau –
Macarronada – Pudim de leite

Menu semanal

Segunda-feira	Terça-feira	Quarta-feira
Quinta-feira	**Sexta-feira**	**Sábado**
Domingo		

57 **Linguagem:** escreva a sílaba de duas letras que falta em cada uma das seguintes palavras, para que estas adquiram significado.

De _ _ ro	Pá _ _ co	Es _ _ fa
Có _ _ ca	Go _ _ la	Fa _ _ lo
Mo _ _ za	Nú _ _ ro	Im _ _ ne
Bo _ _ ro	Pe _ _ do	Al _ _ ço
Me _ _ ço	An _ _ do	Hé _ _ ce
Me _ _ sa	Mô _ _ ca	Ka _ _ tê
Se _ _ ar	Ma _ _ do	Pi _ _ da
Mó _ _ co	Lí _ _ da	Vi _ _ ta
Sa _ _ da	So _ _ to	Es _ _ ma
La _ _ bo	Pe _ _ go	Ce _ _ ja

58 **Atenção:** memorize o modelo e desenhe, nos espaços à direita de cada fileira, o símbolo que está faltando.

Modelo

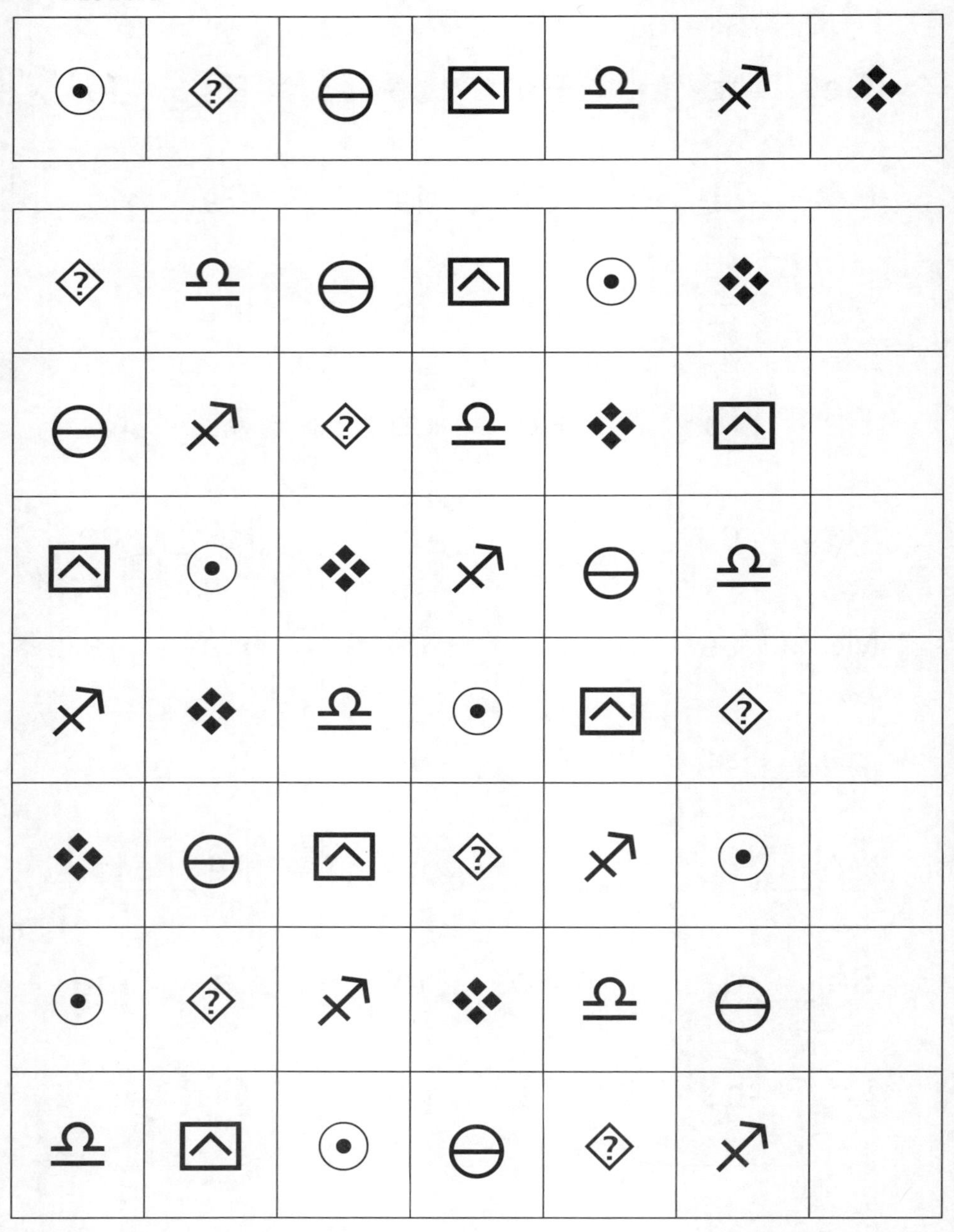

59. **Atenção:** tente memorizar as seguintes figuras.

Cubra a página com uma folha e reproduza as figuras que acabou de memorizar.

60 Atenção: localize os lábios que têm em cima a carta, embaixo o sino, à esquerda as flores e à direita o termômetro. Há quantos conjuntos com essa descrição?

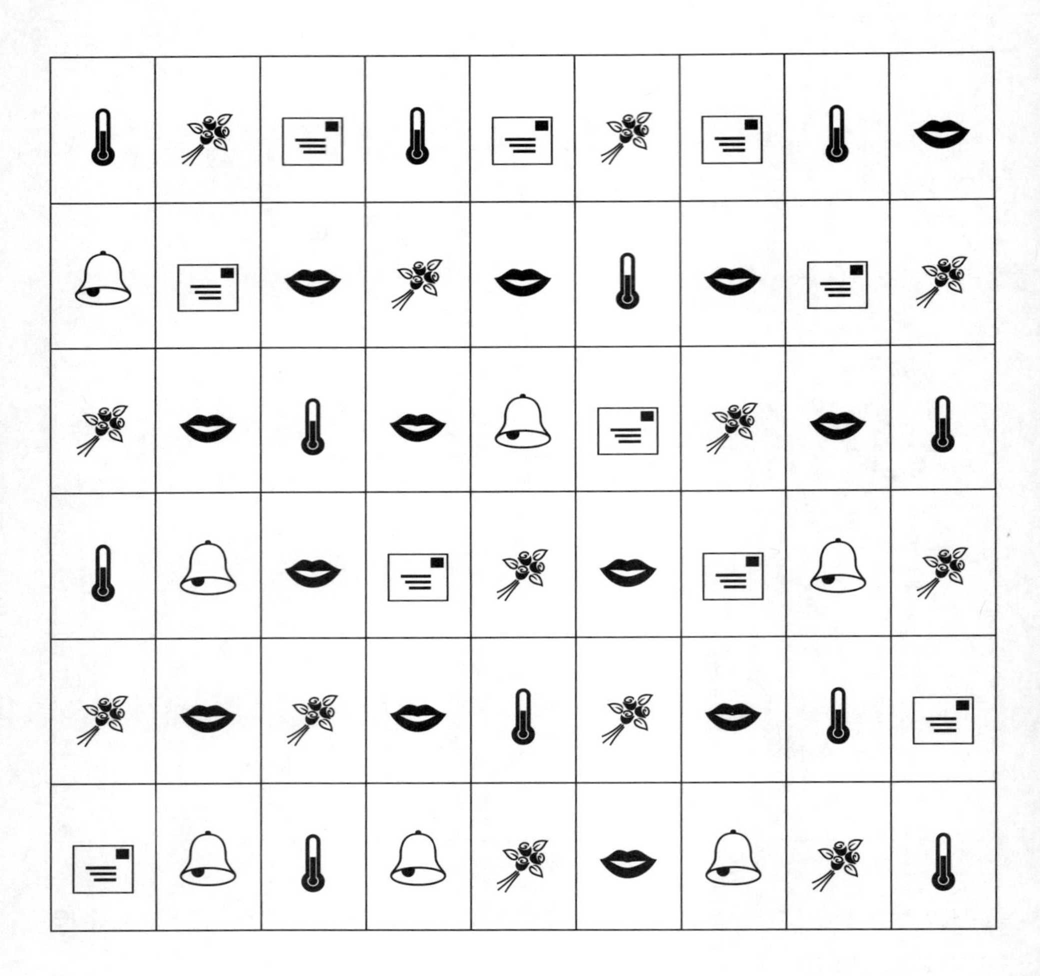

61 Linguagem: escreva 40 palavras, sem repetições, que contenham *duas vogais diferentes.*

Gota, dócil...

62 Raciocínio: agrupe os raios de seis em seis separando-os por linhas, como é mostrado. Quantos raios restaram sem agrupar?

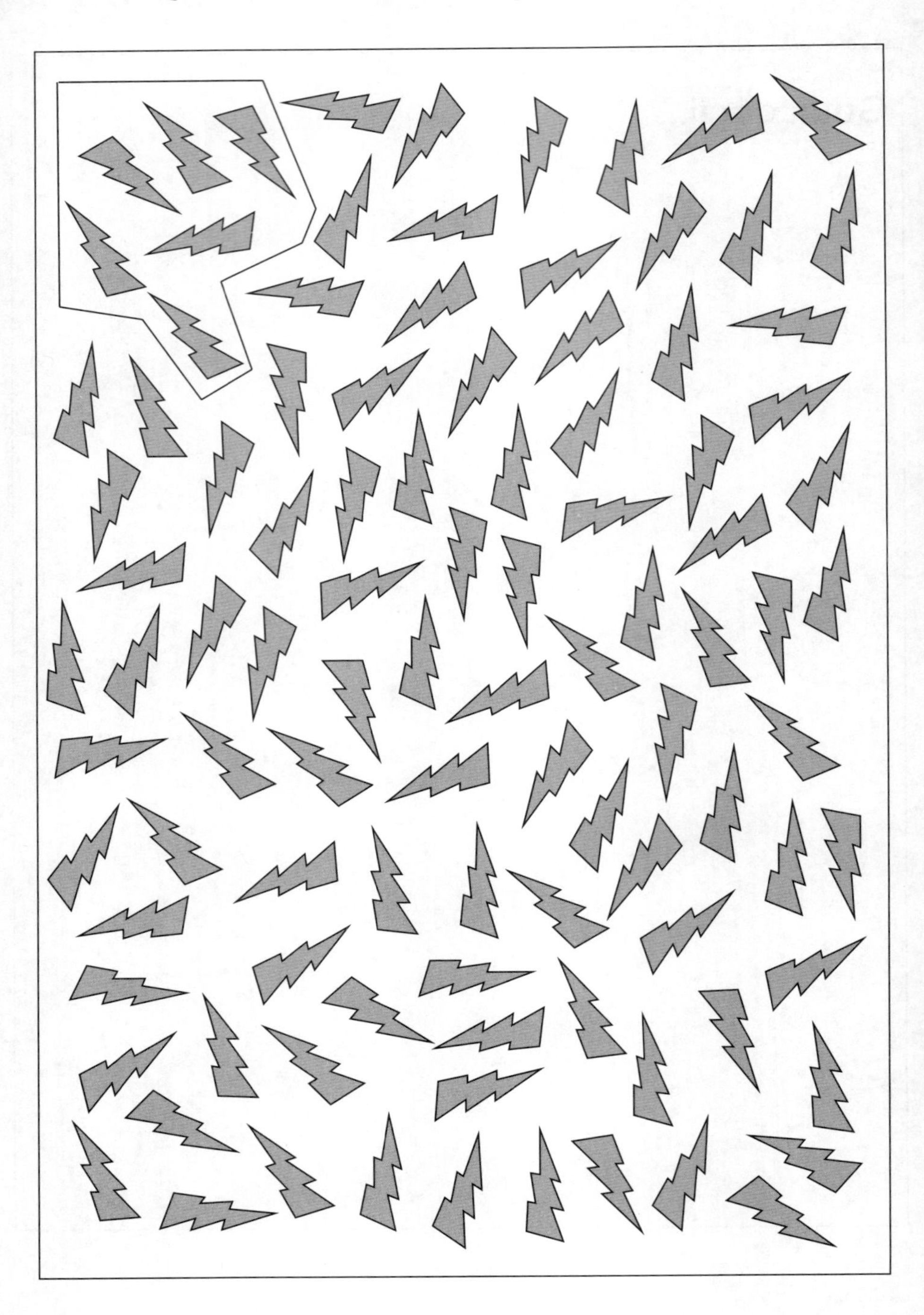

63 Atenção: marque somente os grupos de figuras nos quais se encontrem juntos um coração, um triângulo e uma estrela de quatro pontas.

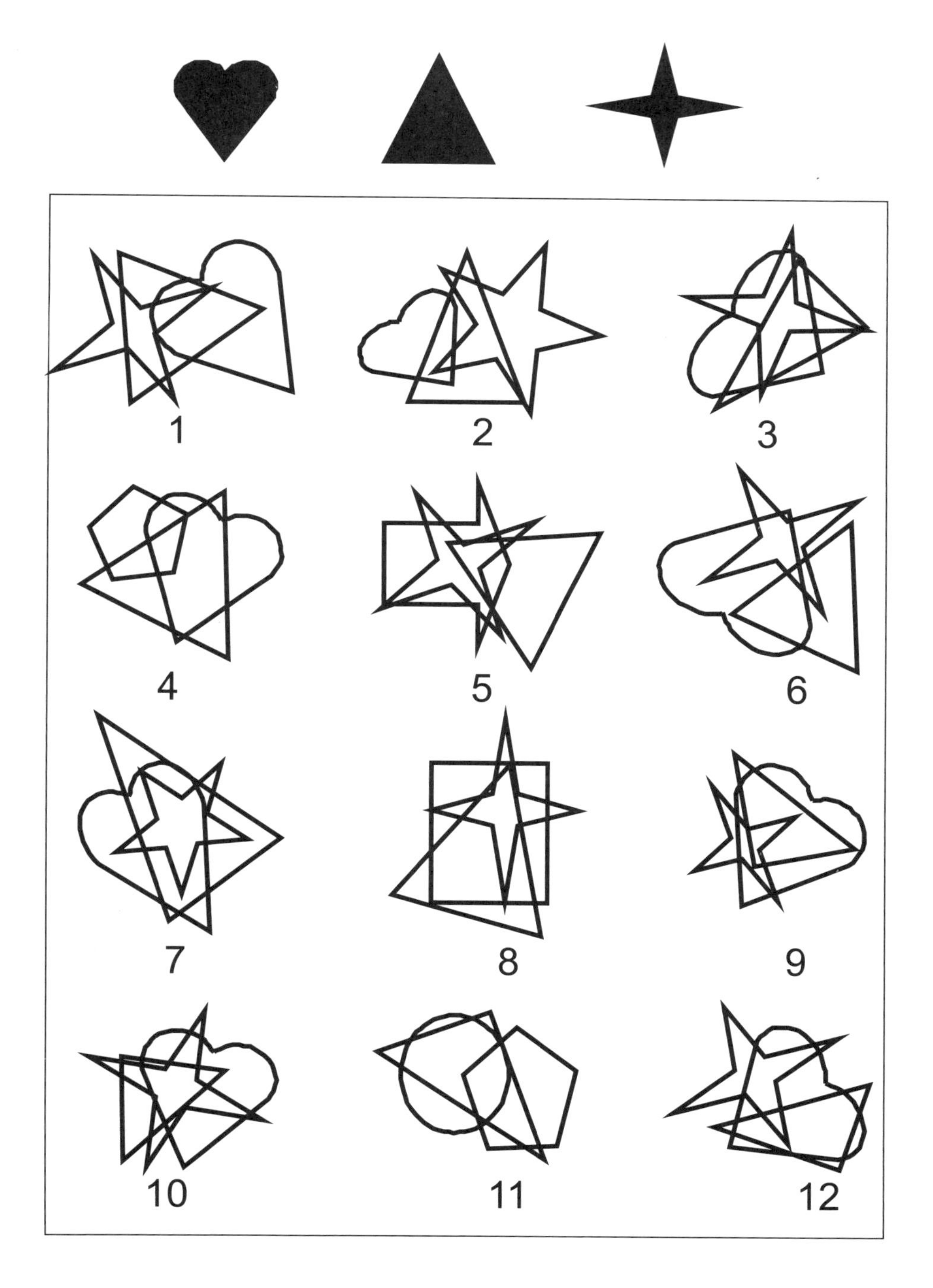

64 Memória: leia atentamente as palavras do quadro e tente memorizá-las. Em seguida, vire a folha e escreva o máximo de palavras que conseguir se lembrar.

65 **Raciocínio:** resolva os seguintes problemas.

• Paulo, em seu aniversário, convida quatro amigos para tomar refrigerante em uma lanchonete. O total da conta é de R$ 19,24, que ele paga com uma nota de R$ 50,00 e deixa 43 centavos de gorjeta. Quanto devem lhe devolver de troco?

• Manoel comprou cinco pastas iguais, porém de cores diferentes, que valem R$ 14,25 cada uma. Quanto custou ao todo as cinco pastas?

• Maria comprou uma caixa de lápis de cor por R$ 4,45, uma caneta marca-texto por R$ 2,05 e uma borracha. No total, ela pagou R$ 7,45. Quanto custou a borracha?

• A conta de luz este mês subiu para R$ 154,50. Quanto equivale esse valor em euros, supondo-se que a cotação é de € 2,50?

• Kurt, o mais velho de três irmãos, deve repartir entre todos R$ 200,00 que lhes dera sua Tia Mari. Quanto dinheiro deve receber cada um dos irmãos?

66 Linguagem: em cada um dos grupos de letras, ordene-as para obter palavras com significado. Para isso, utilize todas as letras de um mesmo grupo. Siga o exemplo.

- OTGA: GATO TOGA GOTA

- MOGA:
- ARFI:
- MTIO:
- OATP:
- SCAO:
- IAFR:
- ADNO:
- MRAA:
- ATLA:

67 **Atenção:** encontre os sete números, entre 1 e 80, que não aparecem no quadro. Escreva-os nos quadros que estão em branco.

34	8	63	30	44	17	53	42
10	26	52	66	13	32	75	80
37	20	1	56	69	71	15	51
4	68	27	12	54	47	35	73
36	2	43	77	22	60	16	9
65	38	57	41	5	76	28	64
7	72	49	61	59	67	79	19
31	45	74	6	62	14	24	40
78	58	11	48	29	50	39	21
23							

68 **Memória:** escreva o nome de 35 diferentes cantoras/cantores ou grupos musicais.

The Beatles...

69 Orientação: use como ponto de referência seu próprio corpo. Escreva a letra que se repete na palavra **CARTA** dentro do quadrado situado à direita. Escreva o resultado de **549 + 284** dentro do quadrado de baixo. Escreva a última letra do alfabeto dentro do quadrado à esquerda. Escreva as duas consoantes da palavra **SUSTO** dentro do quadrado do centro. Escreva o resultado de **86 – 9** dentro do quadrado à direita. Escreva a letra que vem antes de **M,** no alfabeto, dentro do quadrado à esquerda. Escreva o resultado de **873 – 764** no quadrado de baixo. Escreva a letra que vem depois de **U** no alfabeto dentro do quadrado de cima. Escreva o resultado de **9 x 7** dentro do quadrado do centro. Escreva a terceira consoante do alfabeto dentro do quadrado de cima. Escreva o resultado de **8 x 6** dentro do quadrado à esquerda. Escreva a metade de **86** dentro do quadrado de cima.

70 **Linguagem:** coloque em ordem alfabética as seguintes palavras.

Alfabeto

A B C D E F G H I J K L M N O P Q R S T U V W X Y Z

Brisa – Fruta – Caldo – Geladeira Lento – Dormir – Grade – Saúde – Grua Nota – Bom – Esmalte – Fábrica Creme – Nervo – Duna – Banheira – Canto Semana – Lenha – Cara – Dor

1.
2.
3.
4.
5.
6.
7.
8.
9.
10.
11.
12.
13.
14.
15.
16.
17.
18.
19.
20.
21.
22.

71 **Raciocínio:** escreva nos espaços da direita, em algarismos, os seguintes números por extenso.

Mil oitocentos e trinta e sete.	
Seis mil trezentos e cinquenta e nove.	
Vinte e cinco mil quatrocentos e sete.	
Cinquenta e três mil e dezesseis.	
Setecentos e um mil e vinte.	
Quinhentos e dois mil e duzentos.	
Seiscentos mil setecentos e cinco.	
Novecentos mil trezentos e vinte.	
Um milhão dez mil e vinte e quatro.	
Quatro milhões cinco mil e três.	
Seis milhões trezentos e cinquenta mil.	
Oito milhões novecentos e um mil e três.	
Vinte e cinco milhões e duzentos.	
Trezentos milhões cinco mil e quatro.	
Duzentos e treze mil milhões.	

72 **Atenção:** marque as palavras repetidas.

Forma	Facial	Fixar
Freio	Fresa	Fichar
Férias	Fábrica	Festa
Febre	Farol	Flores
Fera	Faquir	Faraó
Firme	Feliz	Foca
Fibra	Fadiga	Fusão
Fritadeira	Festa	Filmar
Fachada	Favor	Fruta
Frágil	Férias	Flúor
Fugaz	Flauta	Folheto
Fonte	Frota	Fritar
Fruta	Fóssil	Fresa
Florista	Fibra	Fundir
Fórmula	Firma	Furioso
Faraó	Frouxo	Firma
Fardar	Fogaréu	Fácil
Futebol	Furar	Fuzil

73 **Linguagem:** escreva palavras com oito letras; coloque uma letra em cada quadrado.

74 **Orientação:** copie, simetricamente, o seguinte desenho no retângulo à direita. Reproduza-o, como se houvesse um espelho, na linha central que separa os dois retângulos.

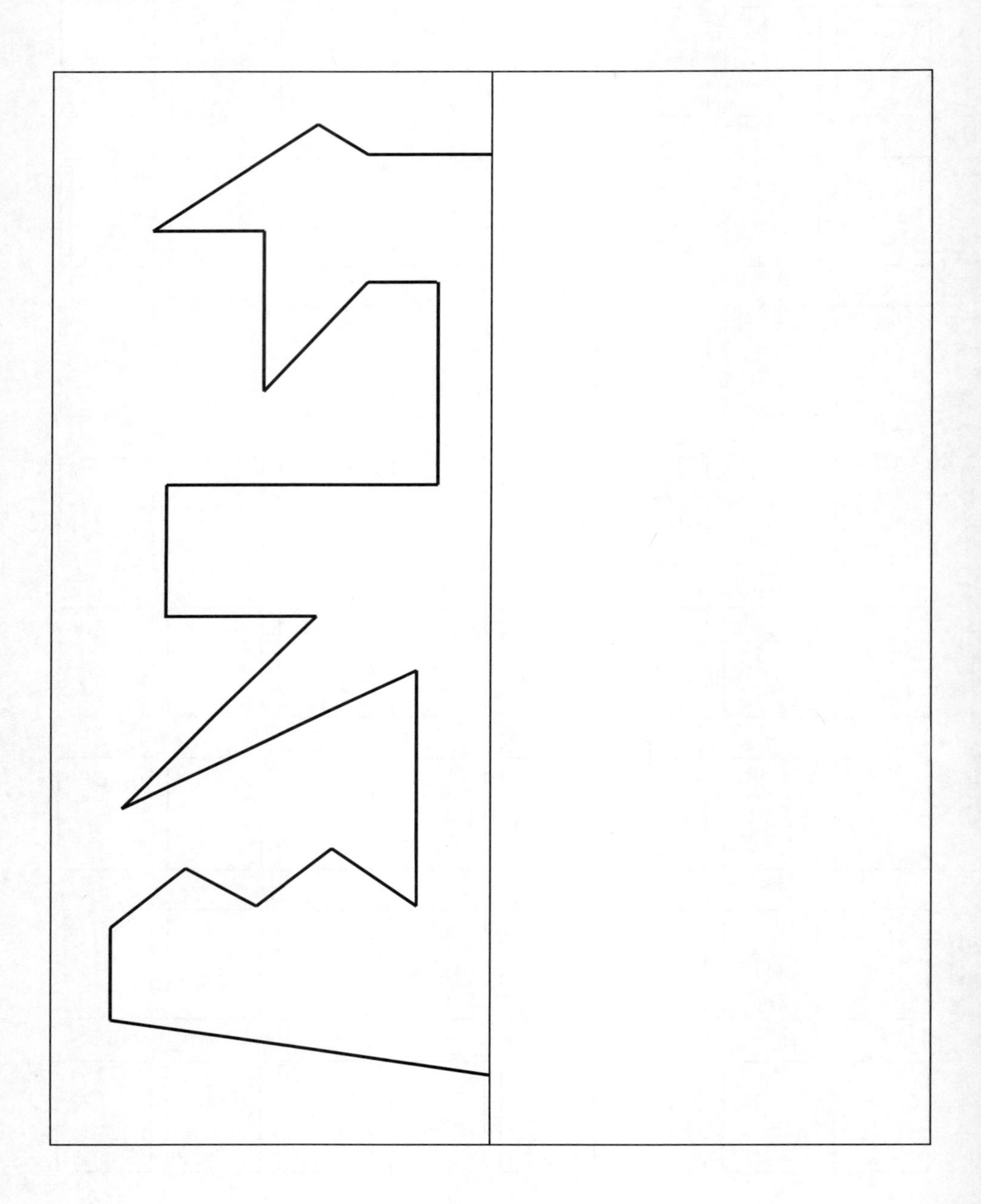

75 Raciocínio: componha as seguintes cartas de baralho utilizando todos os símbolos do quadro abaixo. Distribua cada um dos símbolos dentro das cartas, de acordo com o número que elas indicam, levando em consideração que cada carta deve ser de um mesmo naipe.

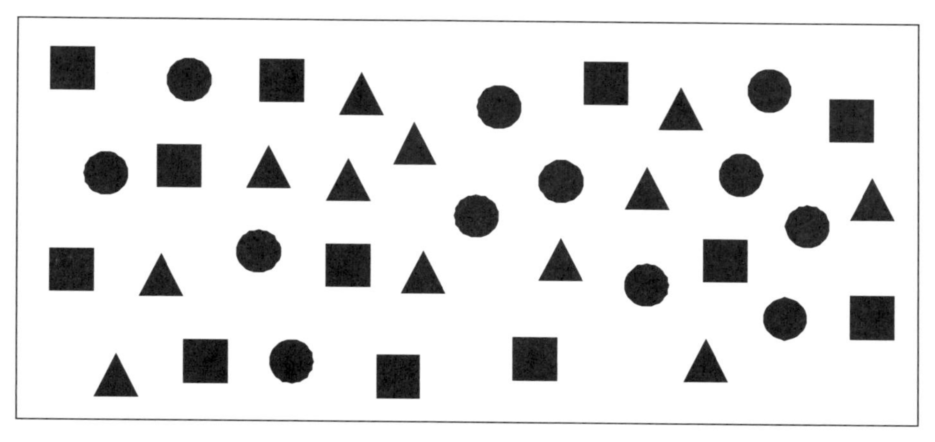

9	4	7
9	4	7

8	3	5
8	3	5

76 **Linguagem:** selecione um adjetivo do quadro para cada frase. Todas as frases devem ter um adjetivo correspondente que seja coerente com elas.

ÚMIDA – PARCIAL – CONFORTÁVEL – PARTICULAR TRISTE – DELICIOSAS – COMPLEXOS – GROSSO PREJUDICIAIS – CARÍSSIMO – EXEMPLAR

- As sobremesas estavam ________________.
- Fiquei muito __________ quando você foi embora.
- A roupa ainda estava ________________.
- O vestido era ________________.
- É uma garota ________________.
- Preciso de um papel mais ________________.
- Minha filha tem alguns ________________.
- A cadeira é muito ________________.
- Amanhã haverá um eclipse _____________ do sol.
- Devemos solucionar esse caso ________________.
- Em geral, os excessos são ________________.

77 **Atenção:** qual é o veículo que mais se repete? Indique quantos há de cada um deles.

78 **Memória:** descreva o procedimento para se pintar uma porta.

Utensílios:

Procedimento:

79 **Linguagem:** coloque vogais em cada um dos espaços para formar uma palavra com significado.

P_s_	P_r_	P_l_
P_t_	P_v_	P_g_
P_ct_	P_lm_	P_ _s
P_ls_	P_lc_	P_st_
P_tr_ _	P_p_l	P_c_r
Pl_m_	P_nt_	Pr_z_
P_ _s_	Pl_nt_	P_ _ _r_
P_l_ _	P_rc_l_	P_r_t_
P_d_r	Pr_c_r_	Pr_d_
P_g_rr_	P_r_d_ _	P_ss_ _ _
P_l_c_ _	P_p_l_r	Pr_ _ _
Pr_s_nt_	P_ls_ _r_	P_pr_c_

80 **Raciocínio:** continue as seguintes sequências, com figuras de mesmo tamanho, até o fim do quadro.

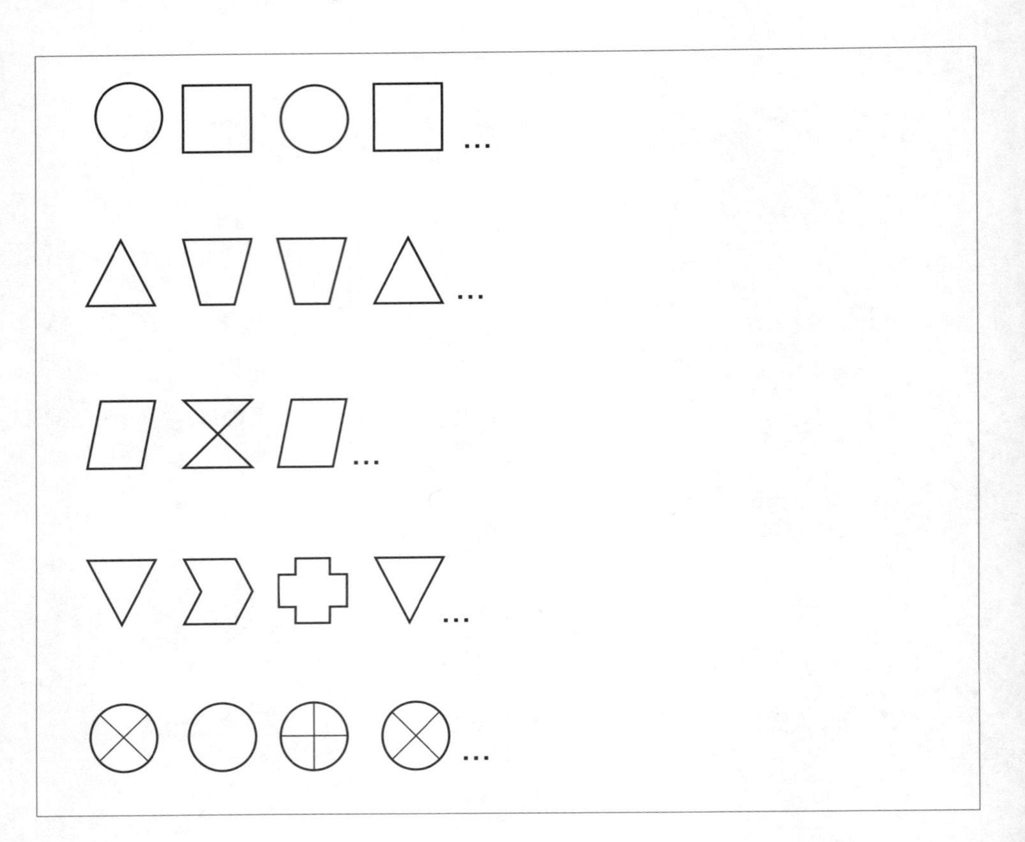

81 **Orientação:** siga as seguintes indicações, usando como referência o seu próprio corpo: pinte de AZUL-MARINHO o retângulo à esquerda da letra D; pinte de PRETO o retângulo à direita da letra B; pinte de ROSA o retângulo à direita da letra D; pinte de CINZA o retângulo à esquerda da letra B; pinte de LILÁS o retângulo à direita da letra L; pinte de LARANJA o retângulo à esquerda da letra C; pinte de VERDE-CLARO o retângulo à direita da letra N; pinte de VERMELHO o retângulo à esquerda da letra F; pinte de TURQUESA o retângulo à direita da letra C; pinte de AMARELO o retângulo à esquerda da letra L; pinte de VERDE-ESCURO o retângulo à direita da letra F; pinte de MARROM o retângulo à direita da letra V.

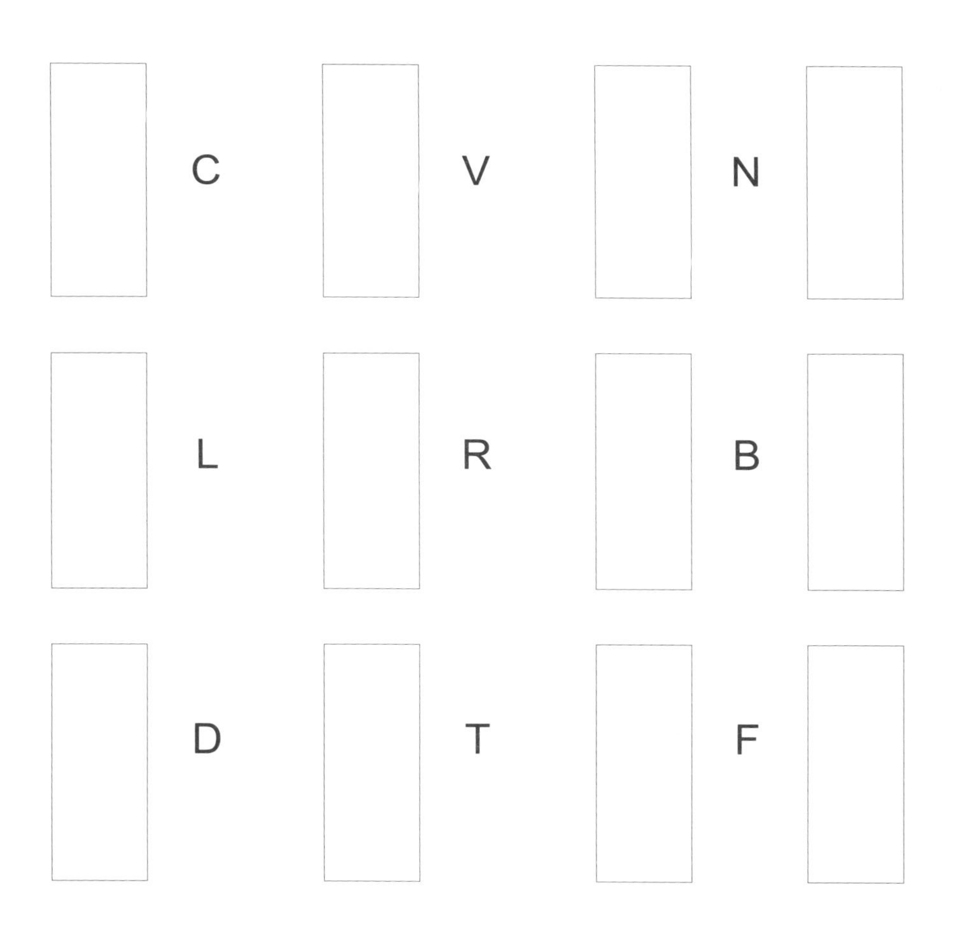

82 **Raciocínio:** marque, com um círculo, somente os números compreendidos entre 32 e 78, incluindo ambos.

27	48	37	8	24	57	33	51
69	15	94	87	4	12	74	18
82	76	60	42	55	97	40	67
10	98	62	90	14	83	6	26
41	86	19	35	73	46	80	44
54	22	89	77	65	28	95	59
32	96	52	5	47	91	31	17
64	13	84	68	70	20	63	49
45	71	92	25	93	39	72	99
7	58	34	81	9	88	23	61
38	66	50	29	11	78	53	36
21	79	16	75	56	43	30	85

83 **Linguagem:** escreva 35 palavras diferentes que terminem com **-ÃO**.

Raz***ão***...

84 **Atenção:** localize o número 1. Em seguida, trace uma linha reta do ponto 1 ao ponto 2, do ponto 2 ao ponto 3, e assim sucessivamente até o ponto 109. Quando terminar, responda qual é o animal revelado?

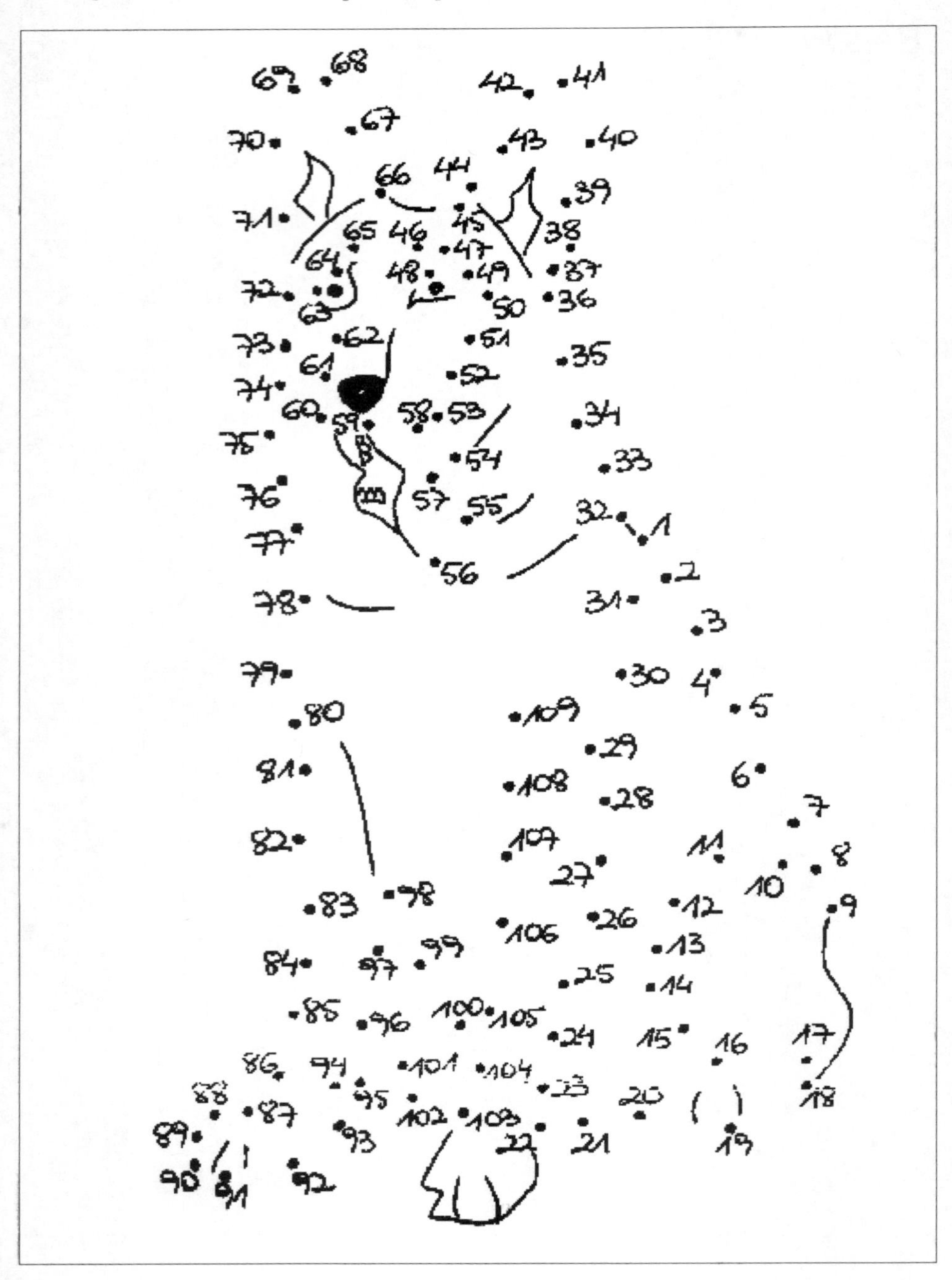

85 **Memória:** complete o seguinte quadro geográfico.

Escreva 5 oceanos	Escreva 5 capitais	Escreva 5 regiões
•	•	• ....
•	•	• ....
•	•	• ....
•	•	• ....
•	•	• ....

Escreva 5 Estados	Escreva 5 cidades	Escreva 5 bairros
•	•	• ....
•	•	• ....
•	•	• ....
•	•	• ....
•	•	• ....

86 **Orientação:** siga as seguintes instruções. Coloque os símbolos nas coordenadas correspondentes, guiando-se pela letra e pelo número para encontrar o quadrado indicado. Por exemplo: para 1E → ?, marque na coluna:

5B → ●   8G → ॥   3D → ♦   4A → ☺
1C → ♌   6H → ♏   9F → ♐   2E → ♒
3G → ↯   4B → $ 7C → ◀◀   8D → ¥

	A	B	C	D	E	F	G	H
1					?			
2								
3								
4								
5								
6								
7								
8								
9								

87 **Linguagem:** combine as letras da palavra DESCANSADO para formar palavras com significado. Escolha apenas letras que já fazem parte dessa palavra, sem acrescentar mais nenhuma letra. Escreva 20 palavras derivadas dela.

D E S C A N S A D O

Cansado, descanso...

88 **Abstração:** escreva nos espaços da direita a qual categoria pertence cada uma das duplas de palavras a seguir. Siga o exemplo:

Mesa e cadeira	Móveis

Filho e irmão	
Bolo e madalenas	
Amendoins e amêndoas	
Vender e correr	
Pistola e escopeta	
Petrópolis e São Paulo	
Sábado e segunda-feira	
Mindinho e anular	
Ônibus e metrô	
Rabo de cavalo e coque	
Somar e subtrair	
Apartamento e casa	
Mi e ré	
Pare e dê a preferência	
Agradável e sincero	

89 **Atenção:** quantas vezes cada Estado brasileiro se repete? Anote no quadro inferior e some o total.

Acre, Amazonas, Bahia, Ceará, Goiás, Rio de Janeiro, São Paulo, Amazonas, Goiás, Acre, Bahia, Ceará, Sergipe, Tocantins, Acre, Ceará, Paraná, Goiás, Rio de Janeiro, Ceará, Bahia, Goiás, Amazonas, Sergipe, Ceará, Acre, Paraná, Ceará, Ceará, Acre, Amazonas, Goiás, Bahia, São Paulo, Sergipe, Bahia, Goiás, São Paulo, Paraná, Acre, Ceará, Amazonas, Amazonas, Ceará, Sergipe, Tocantins, São Paulo, Rio de Janeiro, Bahia, São Paulo, Acre, Rio de Janeiro, Paraná, Tocantins, Sergipe, Bahia, Goiás, Acre, São Paulo, Sergipe, Tocantins, Amazonas, Paraná, Rio de Janeiro, Goiás, São Paulo, Amazonas, Ceará, Goiás, Bahia, Paraná, Rio de Janeiro, Tocantins, Acre.

ESTADOS	REPETIÇÕES
Acre	
Amazonas	
Bahia	
Ceará	
Goiás	
Paraná	
Rio de Janeiro	
São Paulo	
Sergipe	
Tocantins	
TOTAL de Estados	

90 Atenção: siga a seguinte sequência, continue desenhando nos quadros em branco.

91 Habilidade: sombreie com um lápis todas as peças que contêm um ponto e você revelará a silhueta de um meio de transporte.

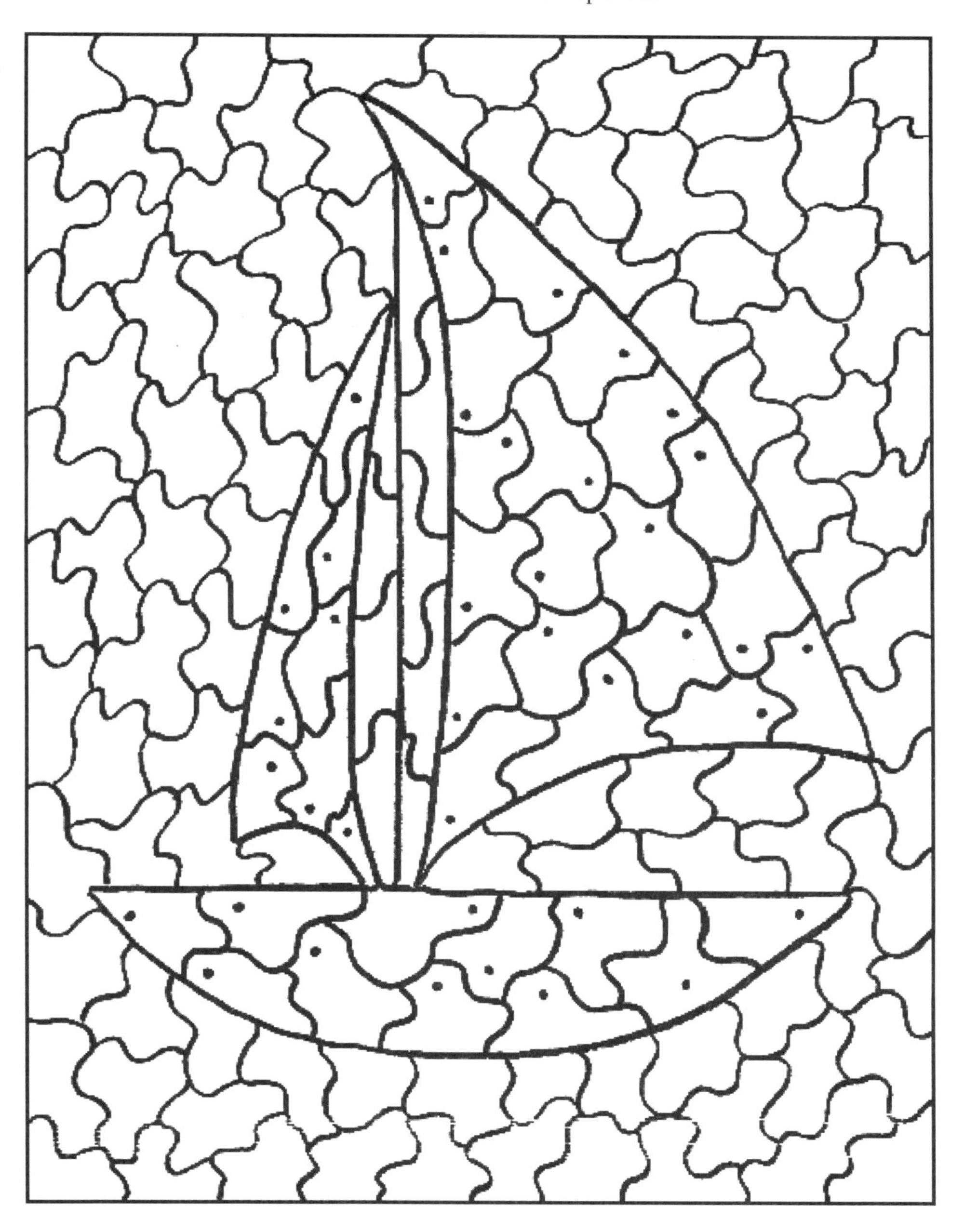

92 **Raciocínio:** escreva nos espaços da direita, por extenso, os seguintes números.

576	
1.407	
9.021	
11.400	
48.023	
80.101	
702.003	
620.080	
119.704	
572.000	
291.111	
1.030.600	
5.010.009	
4.190.023	
3.000.800	

93 Linguagem: escreva a sílaba com duas letras que falta em cada uma das seguintes palavras, para que estas adquiram significado.

Ti _ _ la	Ur _ _ ga	Se _ _ na
No _ _ lo	Gi _ _ no	Ba _ _ za
Pu _ _ za	Go _ _ la	Ja _ _ ré
Ro _ _ ta	Câ _ _ ra	As _ _ to
Bo _ _ ro	Al _ _ vo	Es _ _ da
Lâ _ _ na	Jo _ _ da	Ín _ _ mo
Ca _ _ ça	Su _ _ do	Pe _ _ no
Bi _ _ de	Gô _ _ da	Ca _ _ ta
Ve _ _ no	Du _ _ de	Co _ _ ga
Mo _ _ lo	Ba _ _ do	To _ _ te

94 **Atenção:** indique quantas letras diferentes das do modelo existem no quadro inferior.

Modelo

ώ φ ϐ ψ ϋ

ώ υ ψ δ ώ φ υ ϕ ϖ ϕ ϐ ῡ ϋ

ψ ώ ϐ φ υ δ ϖ ϕ υ ῡ ώ δ ψ

φ δ ῡ υ ώ ϕ ῡ ώ ϐ δ υ ψ ϖ

ώ ψ δ ϐ ῡ ϖ υ δ ϋ φ ψ ϕ δ

ϐ υ ϕ ϋ δ φ ψ υ ϖ ϐ ῡ ώ ϋ

υ ώ ῡ υ δ ώ ϖ ϕ δ ψ ϋ φ ῡ

ώ ψ ϕ φ ϖ ῡ φ δ ϐ ψ ϕ ώ

ϐ υ ϖ ϐ φ ψ ϕ ϋ ώ ῡ φ δ υ

95 **Linguagem:** complete as frases a seguir.

- Você me disse ______________________________
- Ela disse ___________________________________
- O carro ___________________________ na rodovia.
- A camisa ____________________________________
- Minha _____ me chamou para _________________
- À tarde ______________________________________
- Nunca foi verdade que _________________________
- No mês que vem ______________________________
- Nós compramos ______________________________
- ___________________ e voltamos no dia seguinte.
- _______________________________ acidentalmente.
- Após o jantar _________________________________
- Eu não disse que ______________________________
- Quando _______________________________________
- __________________________________ tarde demais.

96 **Cálculo:** resolva as seguintes operações matemáticas.

8 + 194 =	6 + 463 =	405 – 8 =	995 – 7 =
7 + 217 =	8 + 874 =	766 – 7 =	816 – 5 =
6 + 242 =	4 + 279 =	193 – 9 =	174 – 8 =
4 + 166 =	7 + 849 =	565 – 8 =	381 – 6 =
8 + 235 =	8 + 328 =	297 – 7 =	123 – 9 =
7 + 714 =	5 + 919 =	655 – 8 =	429 – 6 =
9 + 383 =	9 + 649 =	893 – 5 =	294 – 5 =
8 + 453 =	4 + 851 =	281 – 8 =	722 – 4 =
6 + 528 =	7 + 705 =	944 – 5 =	339 – 5 =
5 + 184 =	9 + 327 =	237 – 8 =	531 – 7 =
4 + 362 =	8 + 162 =	973 – 6 =	322 – 6 =
8 + 723 =	9 + 468 =	745 – 9 =	643 – 9 =
7 + 144 =	5 + 672 =	182 – 5 =	347 – 5 =
3 + 399 =	7 + 384 =	689 – 4 =	485 – 7 =
5 + 902 =	9 + 603 =	210 – 6 =	542 – 8 =
4 + 637 =	8 + 279 =	807 – 8 =	653 – 5 =
2 + 282 =	6 + 185 =	424 – 7 =	151 – 6 =

97 **Atenção:** qual palavra não possui par? Escreva-a no quadrado em branco.

tela	tono	taco	tuna	tala
tapa	teia	tosa	tino	tira
toga	tina	táxi	trem	topo
tubo	trás	tato	tuba	tela
taco	tira	tino	teia	tubo
tosa	tala	toga	tapa	tono
tuba	tico	tuna	tato	tina
táxi	topo	trem	trás	

98 **Memória:** escreva o nome de 20 diferentes eletrodomésticos ou aparelhos eletrônicos.

Lavadora...

99 **Orientação:** sombreie as mesmas setas do quadro superior no quadro inferior.

100 Raciocínio: sombreie 41 círculos para formar um losango, que deve ficar no centro do quadro.

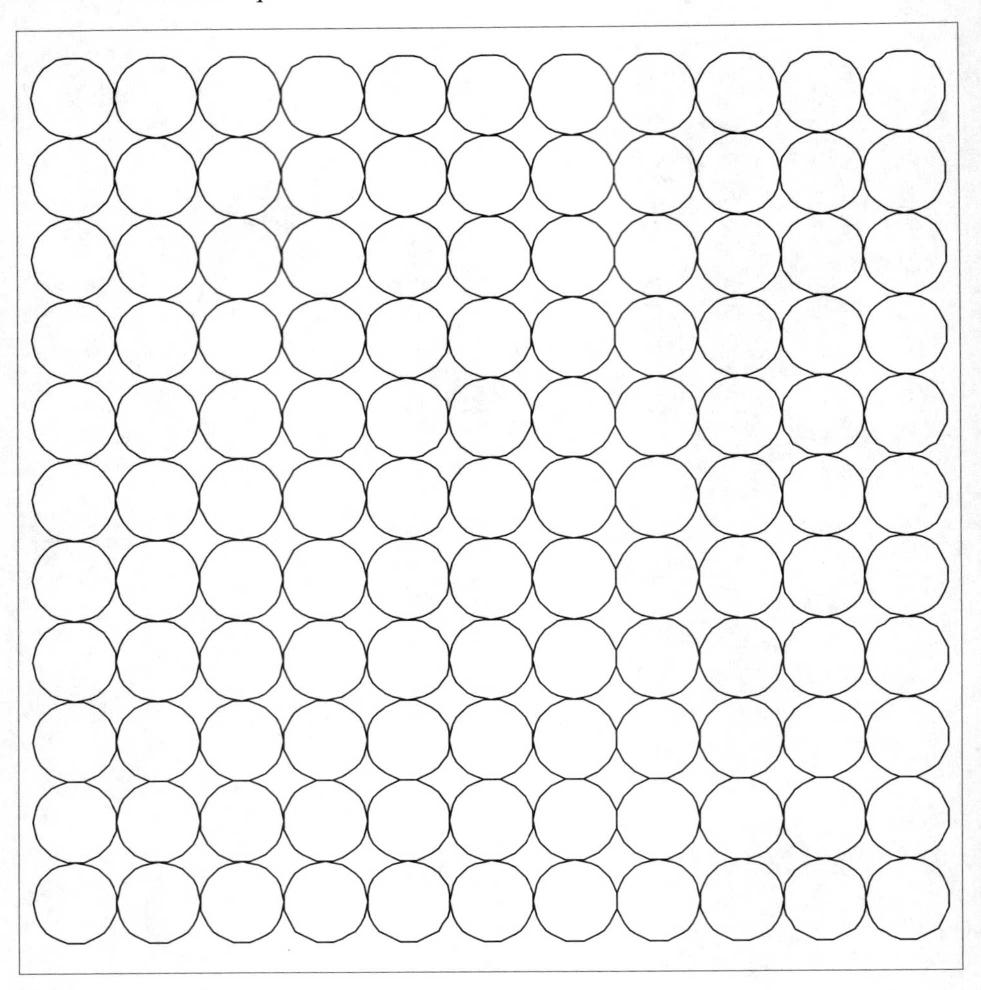

101 Linguagem: em cada um dos grupos de letras ordene-as para obter palavras com significado. Para isso, utilize todas as letras de um mesmo grupo. Siga o exemplo:

- OTGA: GATO TOGA GOTA

- SAOP:
- COAT:
- UGRA:
- AERP:
- TLOA:
- RCIA:
- LOAH:
- ORAT:
- OTRI:

102 Atenção: quais são os dois conjuntos que contêm as mesmas figuras?

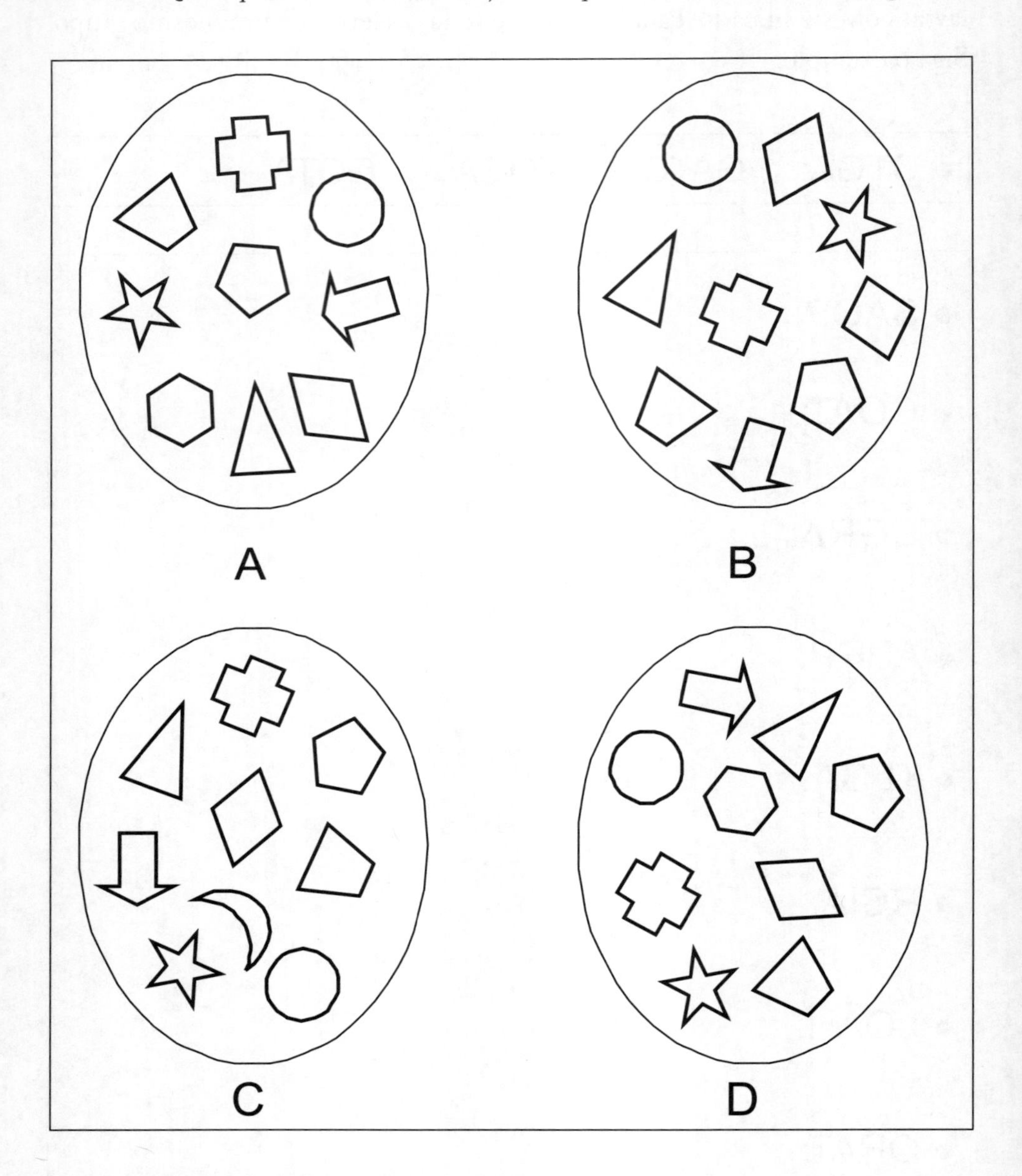

Desenhe as duas figuras diferentes das demais.

Em uma folha à parte, sem olhar para esta página, reproduza todas as figuras que você viu.

103 Linguagem: imagine que você foi passar uma semana de férias em Fernando de Noronha e que enviará um cartão postal para sua casa contando como está sendo a viagem.

104 Linguagem: escreva palavras de nove letras; coloque uma letra em cada quadrado.

105 Orientação: siga as seguintes instruções, usando como ponto de referência seu próprio corpo. Desenhe um losango no centro do quadro e à sua direita desenhe um botão de quatro furos. Em cima do botão escreva uma palavra com dez letras. À esquerda do losango desenhe um sino e embaixo deste escreva a metade de 84. Embaixo do losango faça um ponto de interrogação e em cima do sino escreva o nome de uma ilha. Em cima do losango desenhe o verso de um envelope. Embaixo do botão escreva o resultado de 635.389 + 284.746. Desenhe um círculo dentro do losango.

106 Linguagem: escreva uma frase ou história curta com as palavras de um mesmo grupo.

Exemplo

REUNIÃO – DISCUSSÃO – GATO – SALA

Na reunião originou-se uma discussão motivada por um gato que entrou na sala.

XAROPE – CADEIRA – ROMANCE – SEREIA

BANCO – MERCADO – BALCÃO – CACHORRO

GRITO – SOPA – PEDRA – MANHÃ

BOTÃO – CARTÃO – GUINCHO – TANGO

107 **Linguagem:** escreva 35 palavras diferentes que comecem com **SEN-**.

***Sen**tido...*

108 **Raciocínio:** agrupe as setas, de cinco em cinco, separando-as por linhas, como é mostrado. Quantas setas restam sem grupo?

109 **Atenção:** Quantos números ímpares há? Marque-os com um X.

3 1 4 8 7 1 5 3 9 1 6 2 8 7 2 6 3 1 5 8 9 3 2

4 7 3 5 9 8 1 9 3 7 2 1 6 0 7 1 2 5 2 7 3 9 3

7 5 1 8 2 6 7 4 6 2 8 9 1 7 4 8 3 8 4 6 9 2 4

5 8 9 5 9 5 3 2 4 3 2 8 9 7 8 6 5 3 2 7 9 5 1

9 5 6 3 1 7 9 2 4 6 8 9 4 2 3 5 6 1 9 5 3 4 6

6 3 1 9 3 2 5 6 3 9 4 2 5 6 1 9 7 3 6 4 1 2 9

5 8 4 3 9 3 2 1 7 5 2 3 6 2 3 4 5 1 8 5 9 3 7

7 2 9 6 1 2 3 6 5 8 1 8 9 3 6 2 7 9 1 9 3 2 1

9 8 2 3 7 8 9 5 1 5 6 4 3 2 5 1 9 3 6 8 2 4 8

1 6 5 4 3 6 5 2 7 9 4 5 6 2 8 9 2 3 5 4 3 6 7

9 8 6 2 4 3 8 9 1 3 7 4 2 1 4 3 4 7 8 6 2 4 1

3 6 4 5 1 8 4 3 2 5 1 8 3 7 8 9 2 4 6 8 6 5 2

6 7 5 3 4 2 6 8 4 3 9 8 5 3 2 7 9 5 3 4 3 6 1

110 Memória: escreva, em cada linha, sem repetições, um objeto que se encaixe nas características indicadas.

- Branco, redondo e leve ______________________
- Quadrado, pesado e duro ____________________
- Metálico, comprido e grosso _________________
- Grande, fino e de plástico ___________________
- Comprido, sofisticado e de tecido ____________
- Cilíndrico, barato e de vidro ________________
- Ovalado, prático e de prata _________________
- Dourado, caro e pequeno ___________________
- Flexível, decorativo e resistente ____________
- Pequeno, duro e brilhante __________________
- Grande, retangular e de madeira ____________
- Frágil, antigo e pequeno ____________________

111 Habilidade: sombreie com um lápis todas as peças que contêm um ponto e você revelará a silhueta de um objeto.

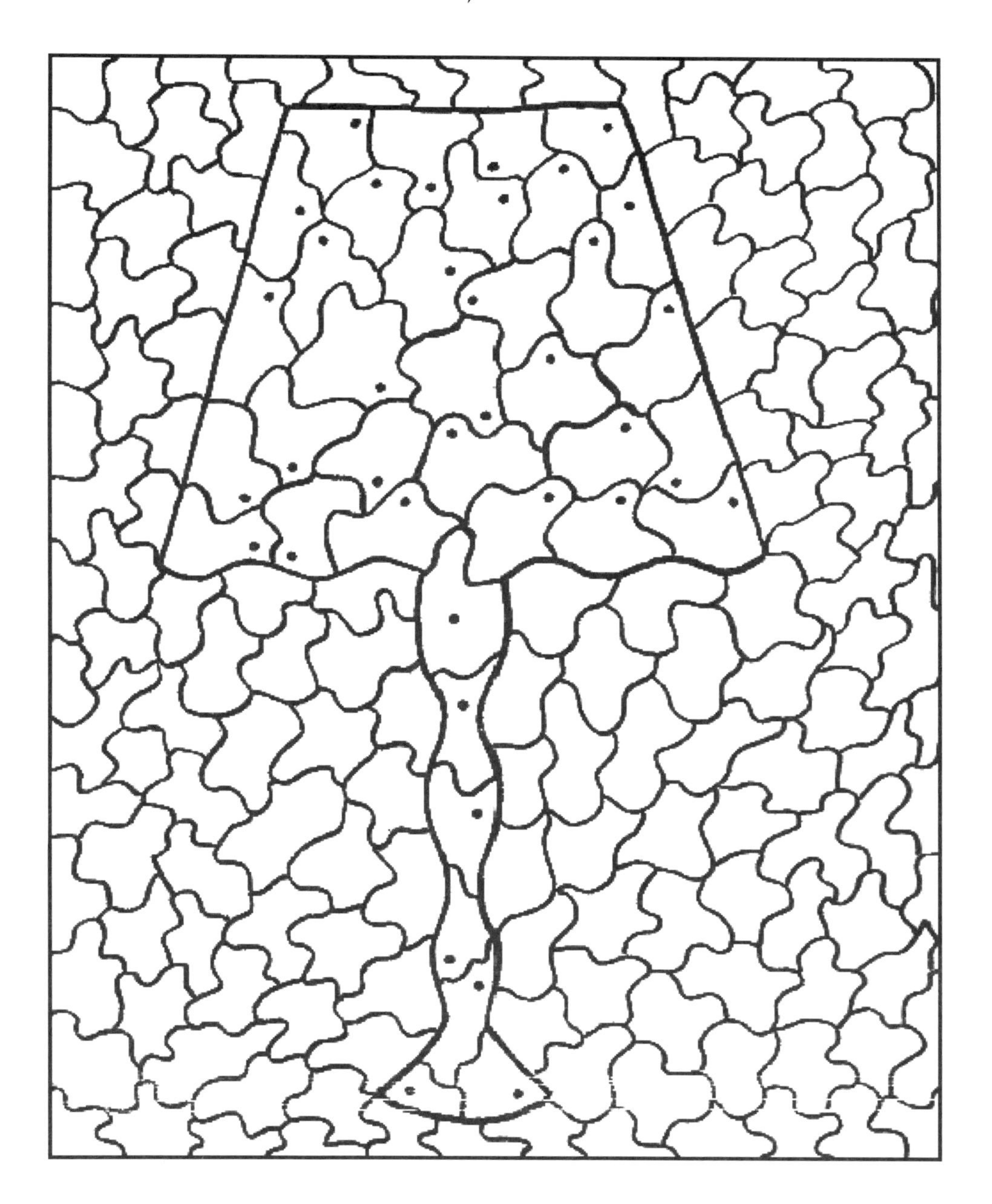

112 **Organização:** ordene cronologicamente o processo necessário para se transplantar uma planta para um vaso maior. Numere de 1 a 10, do primeiro ao último passo, nos quadros da esquerda.

	Separar a planta do vaso.
	Pegar a planta que será transplantada.
	Terminar de preencher o vaso com terra.
	Colocar a planta em seu lugar.
	Apanhar um vaso maior.
	Amassar a terra.
	Preencher o vaso com terra até a metade.
	Regar a planta.
	Introduzir a planta no vaso maior.
	Pegar a terra adubada.

113 Atenção: preste atenção nas seguintes figuras e, em seguida, faça o que está indicado na página seguinte.

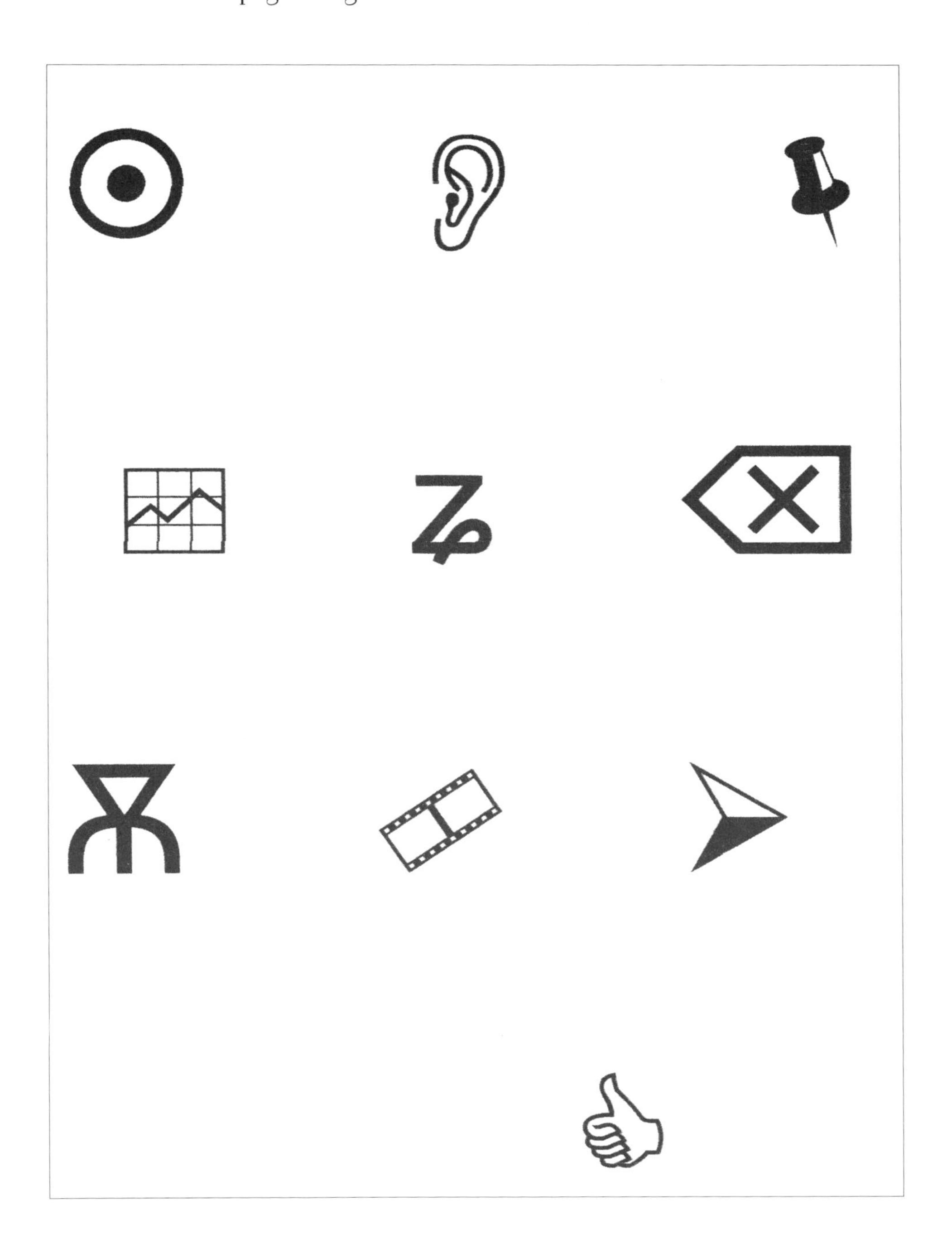

Tarefa: sem consultar a página anterior, quais figuras foram acrescentadas aqui? Destaque-as com um círculo.

114 **Linguagem:** ordene as frases a seguir.

1.	logo da pais voltar os irão reunião
2.	aqui venha contar coisa lhe puder quero uma se até pois
3.	casa uma tem suba inesperada em rápido até que visita você
4.	hoje recebi porque contente notícia estou muito boa uma
5.	a abrigo de e buscou todo chover repente começou mundo
6.	ceia estive a hoje manhã a preparar para cozinhando toda de
7.	sorte nada ontem no por caí quebrei corredor e não
8.	telefonema está que recebi dizendo um muito Lia bem de

115 **Organização:** escreva um menu semanal. Cada dia da semana deve conter um prato principal, um acompanhamento e uma sobremesa. Não faça repetições.

Menu semanal

Segunda-feira	Terça-feira	Quarta-feira
Quinta-feira	**Sexta-feira**	**Sábado**
Domingo		

116 Orientação: escreva em que cidade e país encontram-se as seguintes construções humanas.

	CIDADE	PAÍS
• A catedral de Santiago de Compostela está em	________	________
• A pirâmide de Quéops está em	________	________
• O museu do Louvre está em	________	________
• O museu Hermitage está em	________	________
• A Universal Studios está em	________	________
• O palácio de Buckingham está em	________	________
• A Grande Muralha está em	________	________
• O Monumento às Bandeiras está em	________	________
• A Torre de Belém está em	________	________
• O Taj Mahal está em	________	________
• O Cristo Redentor está em	________	________
• O Coliseu está em	________	________
• O Partenon está em	________	________
• A Praça dos Três Poderes está em	________	________

117 **Raciocínio:** resolva os seguintes problemas.

- Natália comprou bolachas por R$ 2,41, uma baguete por R$ 0,90, um doce por R$ 0,85 e dois sacos de farinha. Se ela gastou R$ 4,70 no total, quanto custou cada saco de farinha?

- Cláudia comprou um ramalhete para sua avó. A florista lhe devolveu R$ 17,96 de troco. Se ela pagou com uma nota de R$ 50,00. Quanto custaram as flores?

- José poupou R$ 93,24, mas ainda lhe faltam R$ 64,34 para poder comprar um casaco. Quanto custa o casaco?

- Alice foi revelar algumas fotografias. As fotos custaram ao todo 38 centavos e ela pagou com uma nota de R$ 2,00. Quanto lhe devolveram de troco?

- Carmen dividiu R$ 354,00 entre os seus quatro netos. Quanto dinheiro cada neto recebeu?

• Escreva 10 palavras com 4 letras que terminem com a letra "**L**":

Leal...

• Escreva 10 palavras com 5 letras que terminem com a letra "**L**":

Igual...

• Escreva 10 palavras com 6 letras que terminem com a letra "**L**":

Caudal...

• Escreva 10 palavras com 7 letras que terminem com a letra "**L**":

Sensual...

• Escreva 10 palavras com 8 letras que terminem com a letra "**L**":

Temporal...

119 **Atenção:** localize uma série de palavras no quadro de letras. Elas podem ser encontradas não apenas em linha reta, mas em qualquer direção. Podem estar de cima para baixo, de baixo para cima, na horizontal tanto da esquerda para a direita quanto da direita para a esquerda, na diagonal ascendente ou descendente, tanto da esquerda para a direita quanto da direita para a esquerda. As palavras estão a seguir; marque-as com um lápis.

CÔMODA – MESA – ARMÁRIO – CONSOLO
CADEIRA – SOFÁ – ESCRIVANINHA
ESTANTE – CANAPÉ – POLTRONA

S	Z	D	U	R	T	N	N	C	L	M	S	F	A	G
A	I	R	E	R	B	I	A	X	D	O	E	I	O	I
E	A	B	E	N	S	D	G	T	L	X	N	M	C	E
B	S	I	O	F	E	E	F	O	A	V	O	C	A	J
H	U	C	I	I	U	G	S	N	D	A	I	T	N	T
K	A	T	R	A	C	N	E	C	O	O	A	C	A	P
I	C	A	A	I	O	A	S	E	M	F	A	E	P	O
O	A	O	M	C	V	C	G	B	O	D	C	L	E	B
L	X	Z	R	E	A	A	D	S	C	P	E	S	O	M
C	R	N	A	F	A	T	N	I	M	S	T	A	B	F
A	O	E	N	I	N	D	I	I	O	A	A	U	O	B
S	J	O	P	O	L	T	R	O	N	A	E	P	S	L
B	X	I	N	L	P	O	C	T	S	H	R	J	A	N
O	E	N	Z	S	O	H	E	N	J	I	A	R	N	U

120 **Memória:** escreva quatro peças necessárias para compor os seguintes objetos. Uma em cada espaço.

PEÇAS NECESSÁRIAS

Carro				
Poste de luz				
Vassoura				
Mala				
Guarda--chuva				
Casaco				
Telefone				
Vaso sanitário				
Piano				
Janela				
Micro-ondas				
Calculadora				

121 **Habilidade:** copie o seguinte modelo, com todos os detalhes, no quadro de baixo.

Modelo

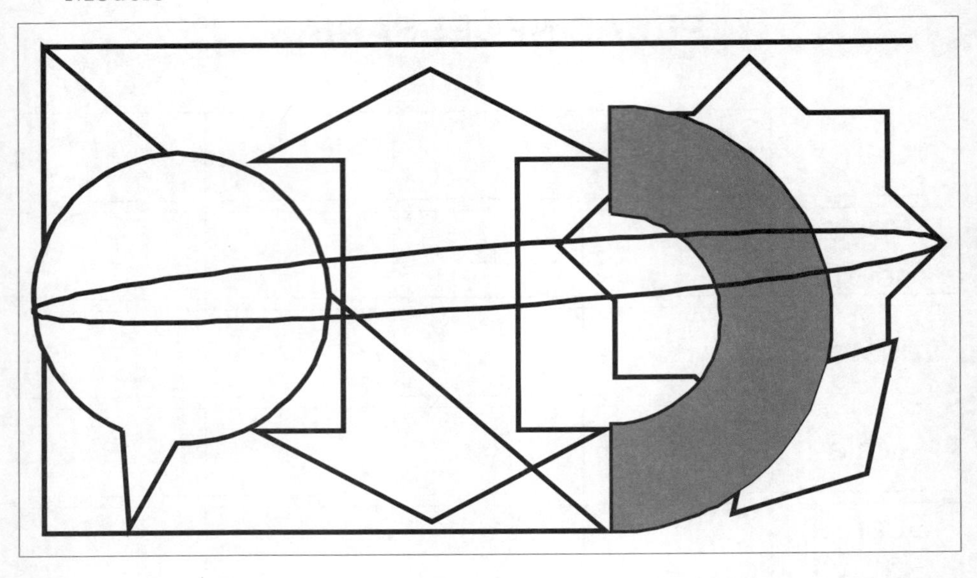

122 Atenção: vá colocando as letras do alfabeto dentro da cada figura geométrica seguindo a sequência. Comece por um círculo; depois, um quadrado; em seguida, um hexágono, e assim por diante.

Modelo

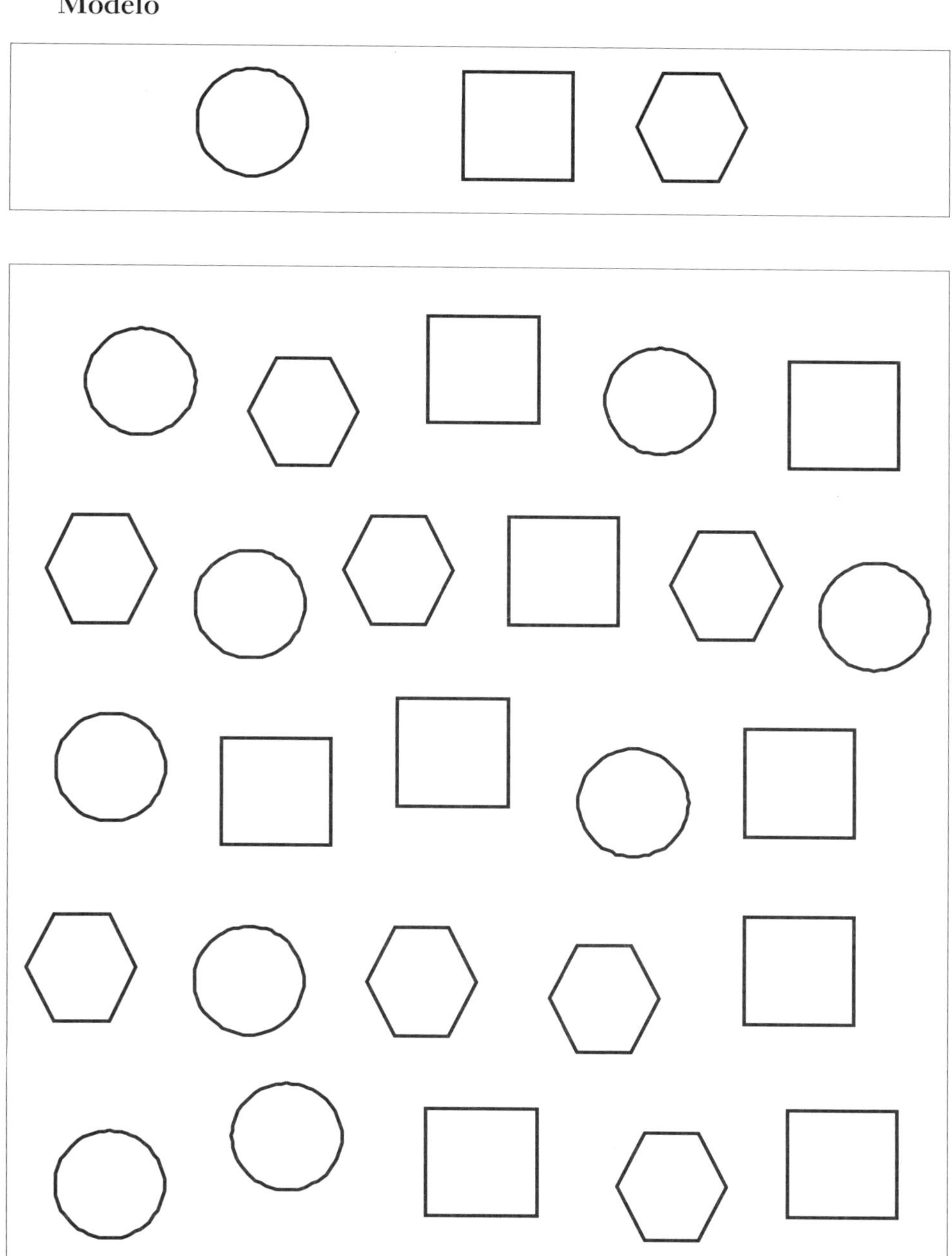

123 **Cálculo:** realize as seguintes operações numéricas.

541 + 941 =	294 – 183 =	9.836 + 5.748 =
932 + 254 =	973 – 637 =	8.738 + 9.283 =
845 + 135 =	703 – 692 =	5.372 + 3.638 =
795 + 441 =	520 – 345 =	9.378 + 9.383 =
635 + 834 =	845 – 654 =	3.849 + 6.451 =
938 + 738 =	734 – 384 =	8.377 – 4.368 =
389 + 399 =	690 – 301 =	9.387 – 6.278 =
938 + 989 =	934 – 534 =	7.292 – 5.242 =
983 + 729 =	861 – 402 =	6.278 – 3.245 =

124 Atenção: memorize o modelo e desenhe, nos espaços à direita de cada fileira, o símbolo que está faltando.

Modelo

☹	⌑	♒	✉	✞	♋	ϟ

♋	♒	☹	✉	✞	⌑	
☹	ϟ	♋	♒	⌑	✉	
✉	✞	⌑	ϟ	☹	♒	
ϟ	⌑	♒	✞	✉	♋	
⌑	☹	✉	♋	ϟ	✞	
✞	♋	ϟ	⌑	♒	☹	
♒	✉	✞	☹	♋	ϟ	

125 Memória: escreva o nome de 35 objetos diferentes que podem ser encontrados em um hospital.

Cama...

126 Orientação: escreva o nome de 20 ruas que ficam próximas à sua residência.

127 **Linguagem:** escreva 35 palavras diferentes terminadas em **-CO**.

Pâni***co***...

128 **Raciocínio:** escreva o máximo de combinações numéricas possíveis, do menor para o maior, com todos os números de uma mesma fileira.

- 6 – 5 – 7 – 3

- 2 – 9 – 4 – 8

129 **Atenção:** leia o seguinte texto. Quantas vogais há nele?

O mar estava calmo e o sol voltou a brilhar no céu. Depois da tempestade no dia anterior, aos poucos as pessoas voltaram a dar as caras na praia. A temperatura havia baixado um pouco, mas os turistas e veranistas puderam finalmente desfrutar de outra temporada com estio.

130 **Linguagem:** coloque em ordem alfabética as seguintes palavras.

Alfabeto

A B C D E F G H I J K L M N O P Q R S T U V W X Y Z

Pelo – Água – Trovão – Gema Querer – Folha – Pressa – Tamanco – Trama Gesso – Sarda – Ágil – Pedaço Ferida – Pátria – Figo – Ostra – Mala Pico – Rota – Ano – Toldo

1. 12.
2. 13.
3. 14.
4. 15.
5. 16.
6. 17.
7. 18.
8. 19.
9. 20.
10. 21.
11. 22.

131 Habilidade: sombreie com um lápis todas as peças que contêm um ponto, e você revelará a silhueta de um objeto.

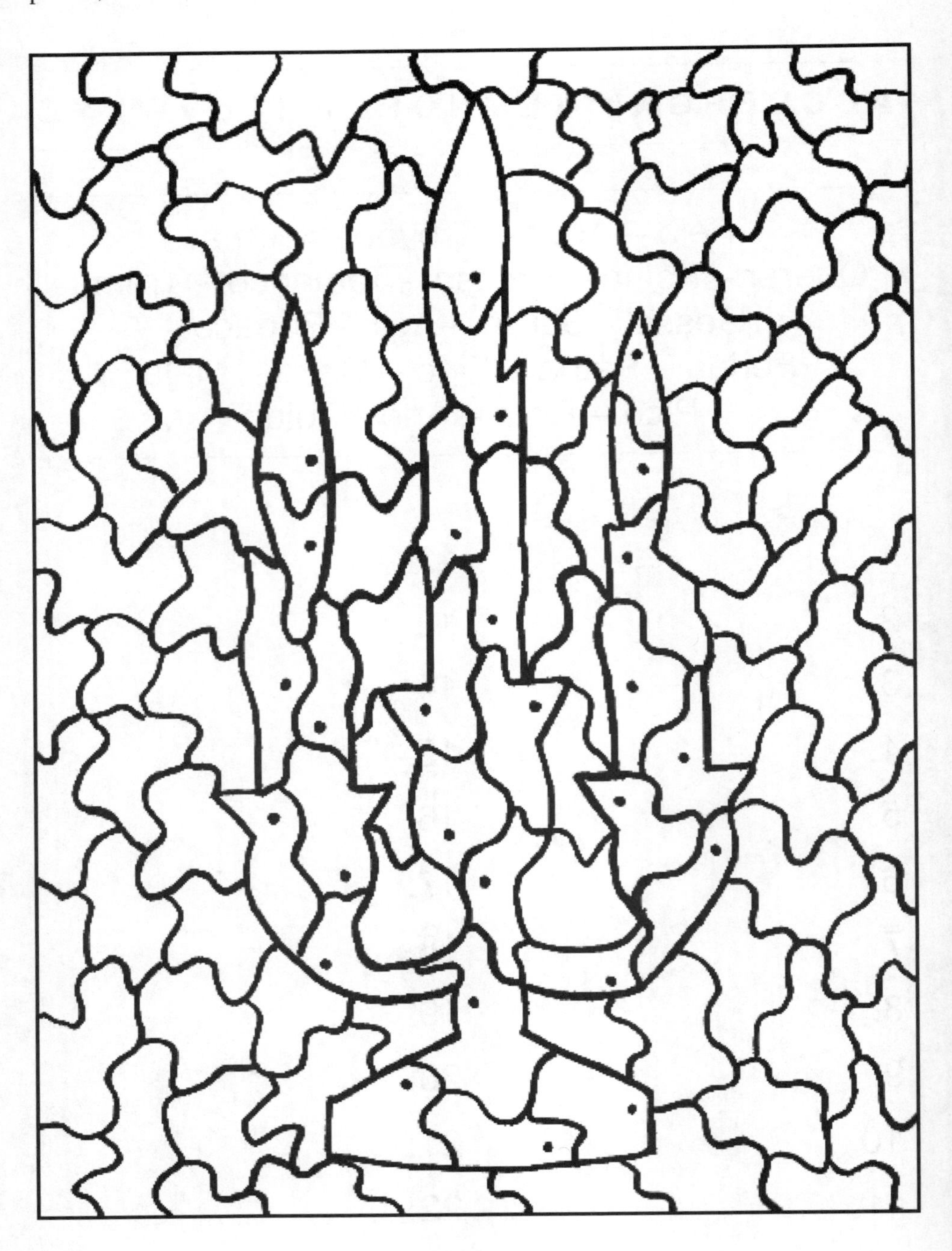

132 **Linguagem:** complete as frases a seguir.

- Minha irmã ______________________________
- Aquela galeria ______________________________
- Decoramos ______________________________
- Não pense que ______________________________
- Meu ______________ voltou a ______________
- Lembro ______________________________
- Descobri ______________________________
- Você acredita que ______________________________?
- Voltei para ______________________________
- Sabia ______________________________?
- Não suporto ______________________________
- Ela foi ao ______________________________?
- Quando puder ______________________________
- Dizem que ______________, mas não é verdade.
- Quando tiver um tempinho ______________________

133 **Memória:** descreva como transcorreu sua infância e qual momento político você viveu.

134 Orientação: siga as seguintes instruções, usando como ponto de referência seu próprio corpo. Desenhe um triângulo no centro do quadro e à sua esquerda faça uma flor. Em cima da flor desenhe um chapéu. À direita do triângulo escreva o nome de seu pai, embaixo deste faça um círculo e pinte metade dele de preto. À esquerda da flor faça uma cruz e, embaixo dela, escreva o nome de uma montanha. Embaixo do triângulo escreva uma palavra com 11 letras e sob esta palavra desenhe uma seta que aponte para a direita. Em cima do chapéu escreva o resultado de 37.256.245 + 1.267.839.

135 **Linguagem:** ordene as letras dos seguintes nomes próprios, tanto os masculinos quanto os femininos.

Exemplo:	O A N I S: S O N I A

E A L F R A: _ _ _ _ _ _	S I A L E M: _ _ _ _ _ _
A R K I A N: _ _ _ _ _ _	R U O A R A: _ _ _ _ _ _
Á L Z O R A: _ _ _ _ _ _	N I D G R I: _ _ _ _ _ _
S E T A E L: _ _ _ _ _ _	E C I L E B: _ _ _ _ _ _
G H A T I O: _ _ _ _ _ _	A L I G A M: _ _ _ _ _ _
E L E F P I: _ _ _ _ _ _	L A R C O S: _ _ _ _ _ _
K A J I E C: _ _ _ _ _ _	G L Â E N A: _ _ _ _ _ _

136 **Atenção:** quais são os dois conjuntos que contêm as mesmas figuras?

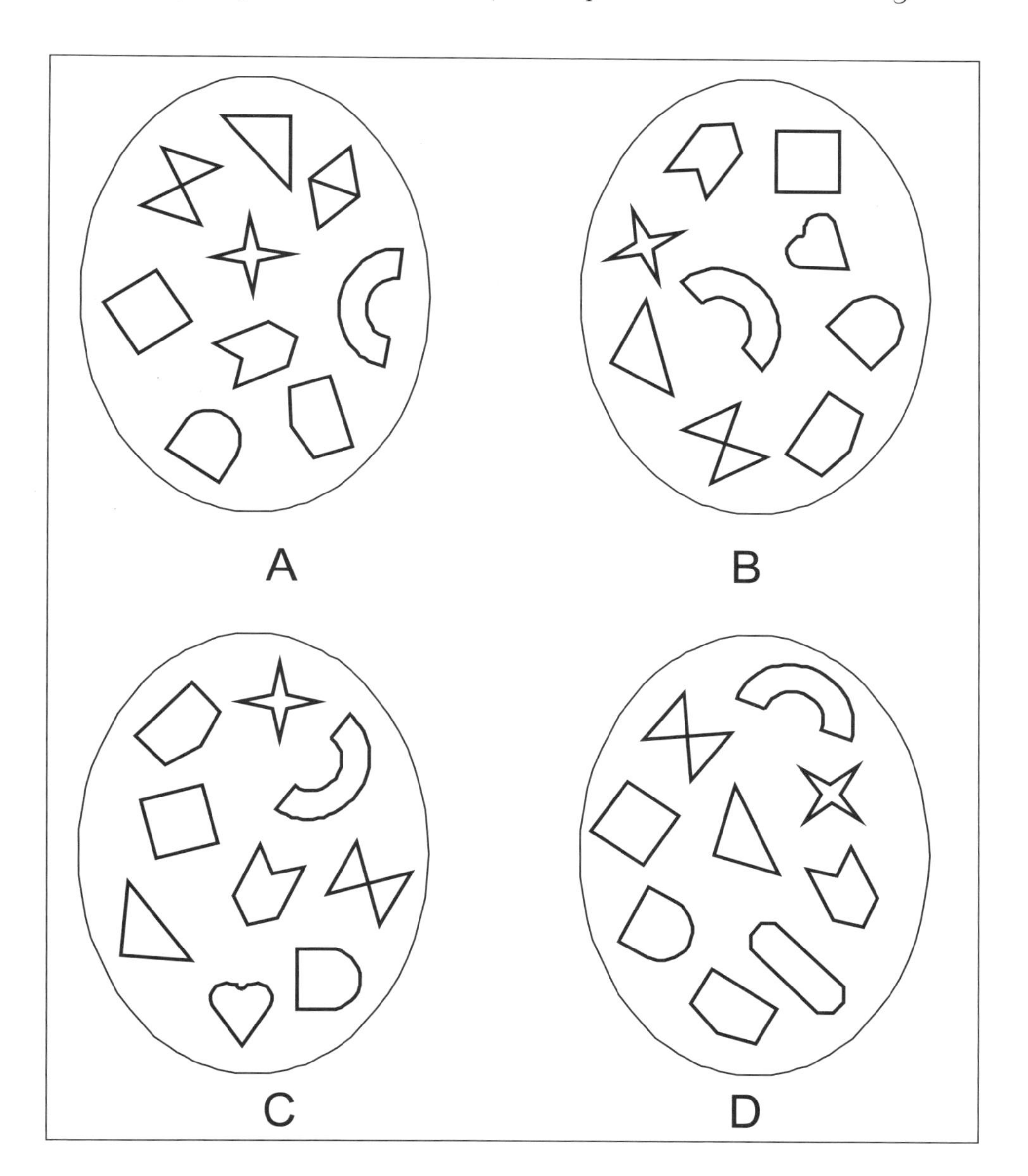

Desenhe as duas figuras diferentes das demais.

Em uma folha à parte, sem olhar para esta página, reproduza todas as figuras que você viu.

137 **Memória:** leia atentamente as palavras do quadro e tente memorizá-las. Em seguida, vire a folha e escreva o máximo de palavras que conseguir se lembrar.

138 **Orientação:** use como ponto de referência seu próprio corpo. Escreva a letra que se repete na palavra **TRASTE** dentro do triângulo superior direito. Escreva o resultado de **3.587 + 1.874** dentro do triângulo inferior central. Escreva o nome de uma **ave** dentro do triângulo central. Escreva a vogal da palavra **MARACA** dentro do triângulo central direito. Escreva o resultado de **186 – 39** dentro do triângulo superior direito. Escreva a letra que vem depois de **Q** no alfabeto dentro do triângulo inferior esquerdo. Escreva o resultado de **862 : 2** dentro do triângulo inferior direito. Escreva a letra que vem antes de **E** no alfabeto dentro do triângulo superior central. Escreva o resultado de **8 x 7** dentro do triângulo central esquerdo.

139 **Raciocínio:** complete as figuras que faltam tendo como referência o modelo; observe que as figuras sempre seguem a mesma ordem.

Modelo

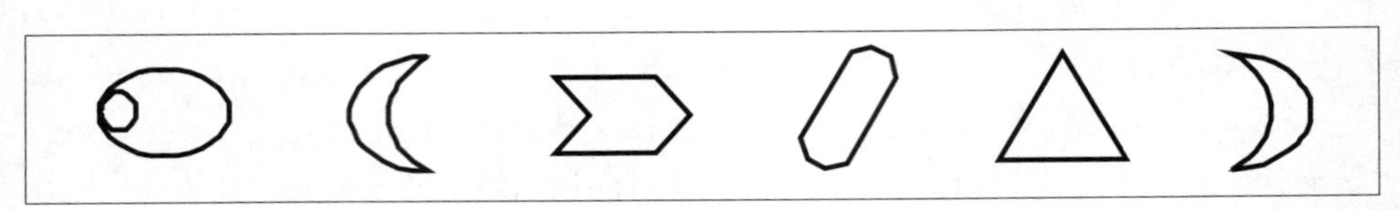

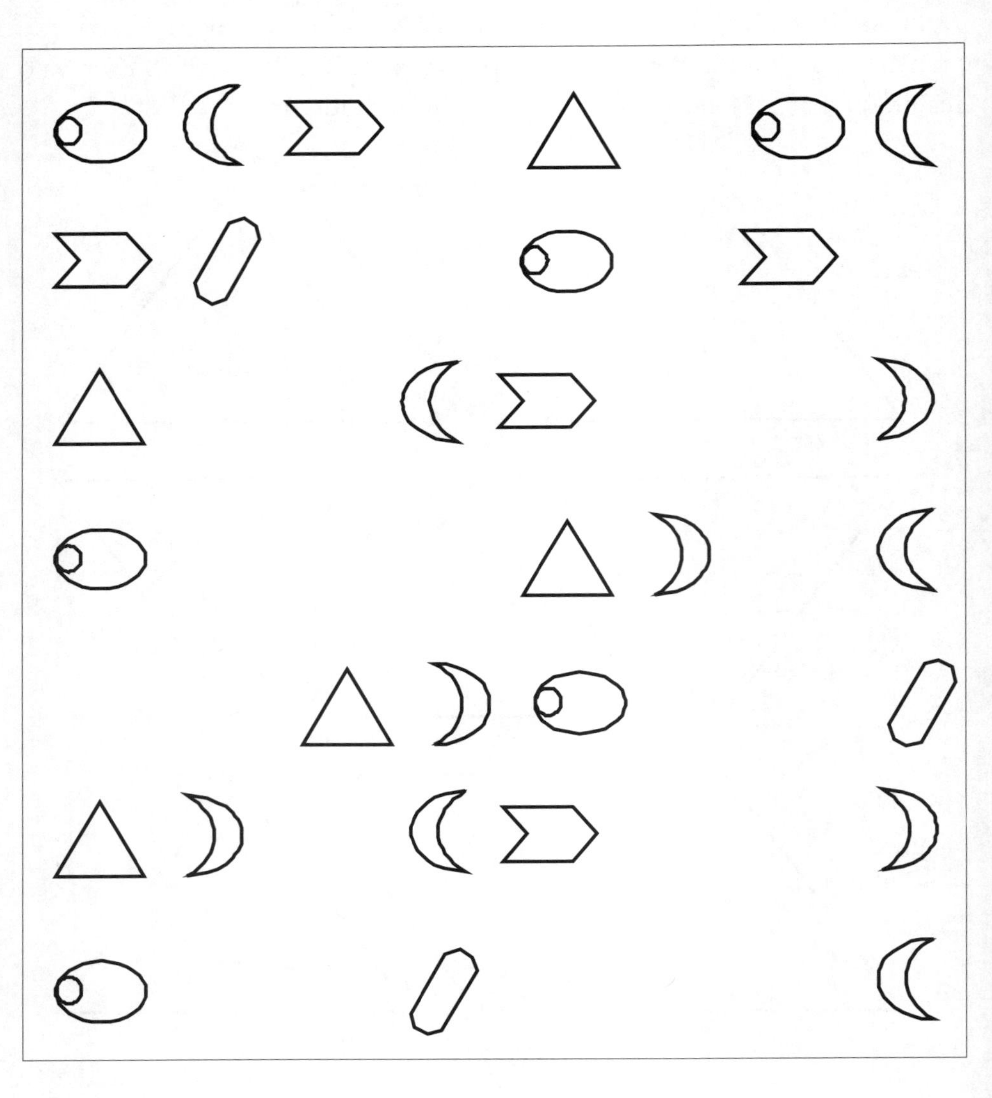

• Escreva 10 palavras com 4 letras que comecem com a letra "**R**":

Remo...

• Escreva 10 palavras com 5 letras que comecem com a letra "**R**":

Régua...

• Escreva 10 palavras com 6 letras que comecem com a letra "**R**":

Rastro...

• Escreva 10 palavras com 7 letras que comecem com a letra "**R**":

Ralador...

• Escreva 10 palavras com 8 letras que comecem com a letra "**R**":

Radiante...

141 **Atenção:** marque as palavras repetidas.

Torta	Tráfico	Trauma
Trator	Templo	Tambor
Trágico	Tamanho	Trago
Turista	Timbre	Tigre
Tíbia	Teto	Turno
Tesouro	Tato	Telão
Tenda	Tônica	Terra
Título	Tapa	Tensão
Toldo	Tarde	Tarimba
Tímido	Tabaco	Tarja
Tarja	Teoria	Teatro
Talento	Termo	Tráfico
Tato	Tesouro	Trovão
Traça	Temperado	Título
Telão	Testemunha	Talco
Terapia	Toldo	Tapete
Tigre	Túnica	Teoria
Tango	Talante	Torto

142 **Memória:** complete o seguinte quadro geográfico.

Escreva 5 rios	Escreva 5 mares	Escreva 5 montanhas
•	•	• ....
•	•	• ....
•	•	• ....
•	•	• ....
•	•	• ....
Escreva 5 continentes	**Escreva 5 ilhas**	**Escreva 5 países**
•	•	• ....
•	•	• ....
•	•	• ....
•	•	• ....
•	•	• ....

143 **Habilidade:** copie o modelo das figuras em cada fileira.

Modelo

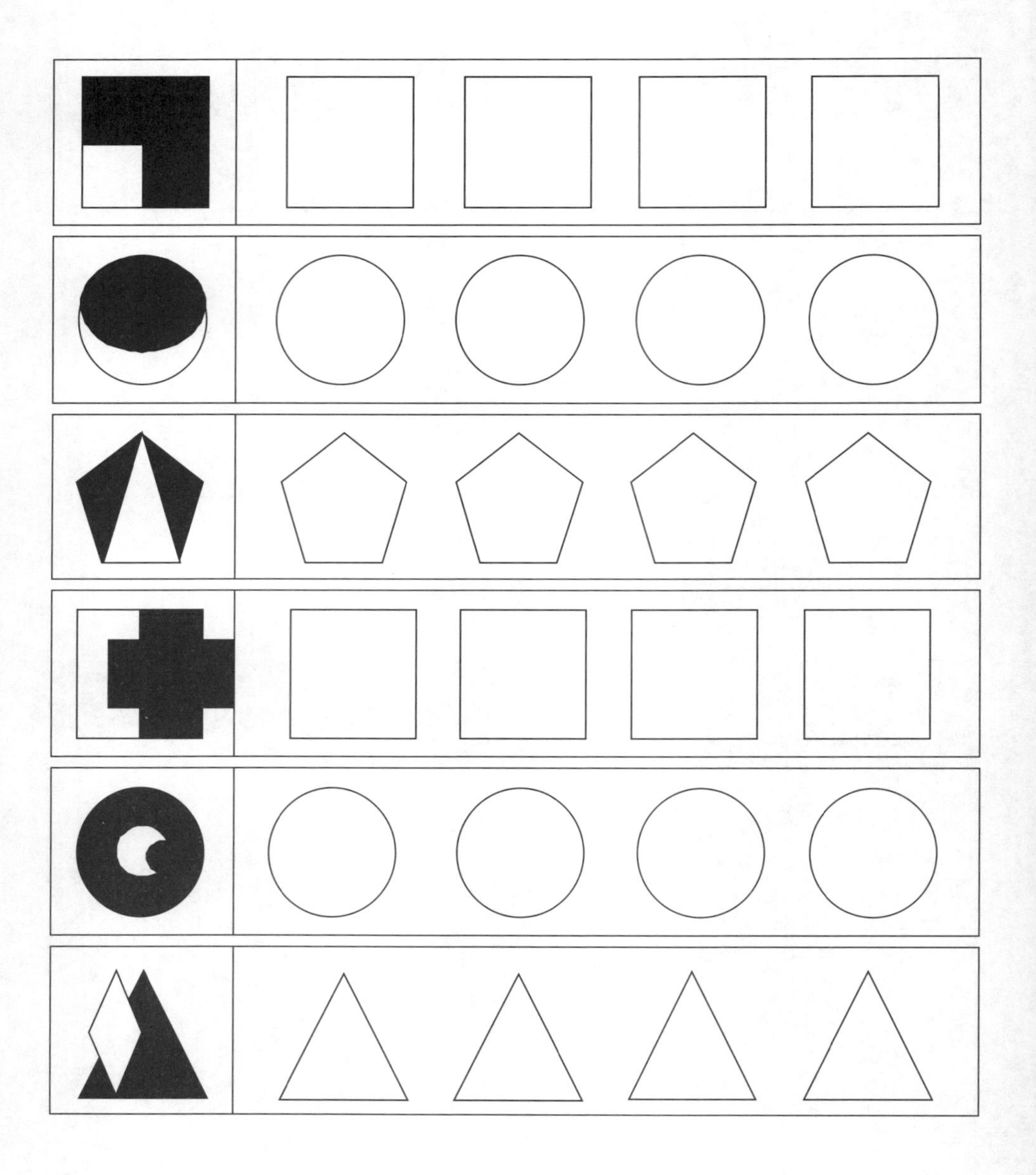

144 Linguagem: escreva 35 palavras que contenham *duas vogais iguais*. Sem repetições.

C**a**rt**a**, p**o**tr**o**...

145 Raciocínio: cada grupo de objetos vale R$ 20,00. Cada objeto tem um valor específico. Indique o valor de cada um deles e escreva no espaço à direita.

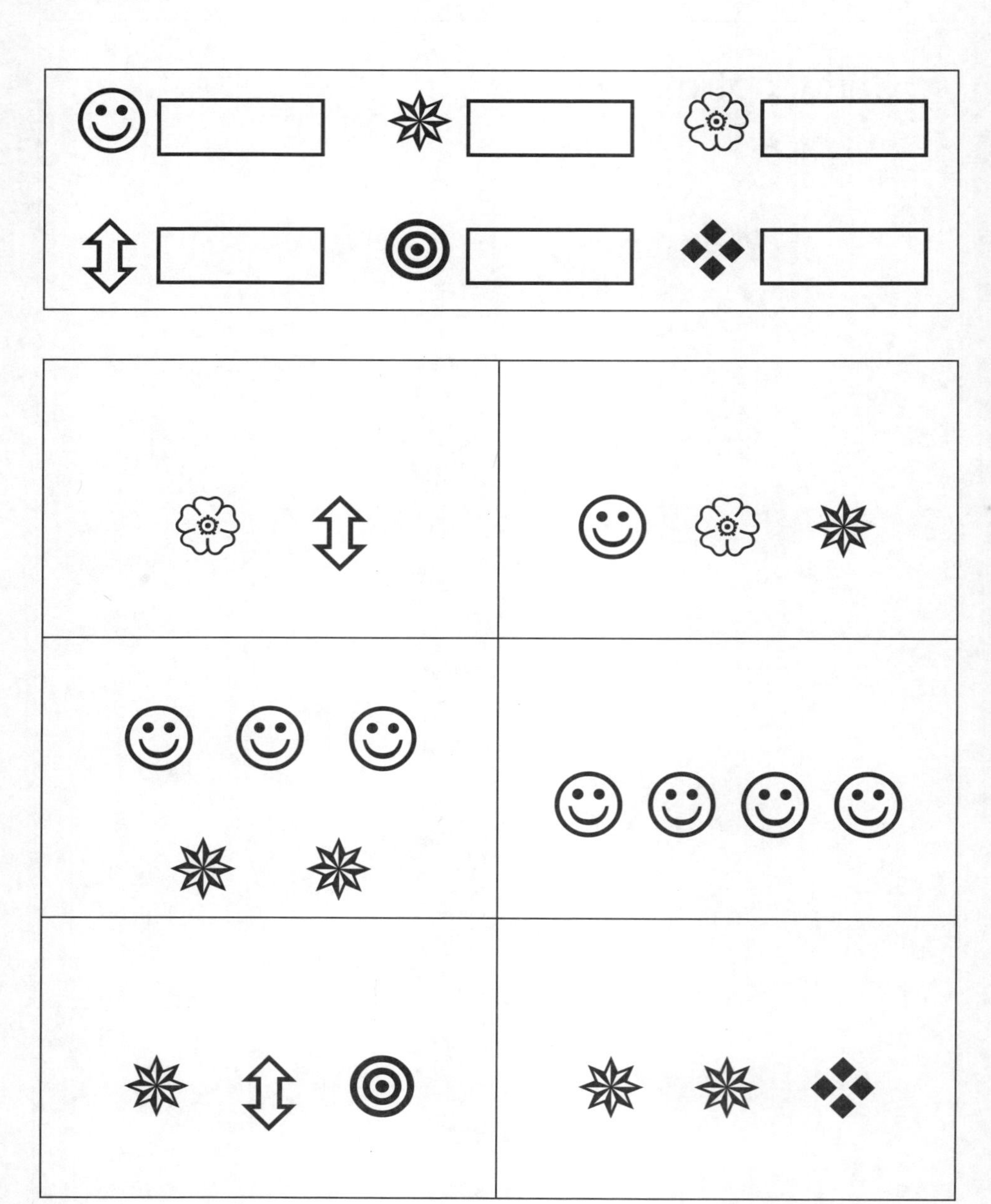

146 Atenção: encontre os sete números, entre 1 e 80, que não aparecem no quadro. Escreva-os nos quadros que estão em branco.

52	6	61	16	60	33	58	22
23	45	74	30	8	66	4	43
32	26	11	54	80	47	75	37
3	48	67	1	39	20	51	64
35	13	57	72	77	56	9	25
18	41	62	44	12	70	34	71
38	31	2	55	65	19	46	17
7	49	24	15	59	27	5	68
42	10	76	63	21	73	79	29
50							

147 Atenção:

- Quando vir as letras ης lado a lado, sublinhe-as de vermelho.
- Quando vir as letras ϕϖ lado a lado, sublinhe-as de azul.
- Quando vir as letras υα lado a lado, sublinhe-as de verde.

ςψαηςϕϖφηυαωδυαημδ

ηςωφαϕϖδυμυαϕπηςφϖ

ϕυαμυϕϖηςωδυαφςϕϖη

ϖηςωδυαςαϕϖφηςϖϕης

ηυηςπςϕϖϕυαφωδυϕϖα

ϕηςϕϖμυαωδηςυαφωυπ

αφυαυωμϕϖπδηςφϖϕης

148 **Orientação:** indique, com uma seta, onde se encontra a escola de inglês, levando em consideração que ela está localizada a 5 quadras do supermercado, a 3 da lotérica e a duas do cinema; e está em uma rua paralela à farmácia. Preste atenção nas figuras para se situar.

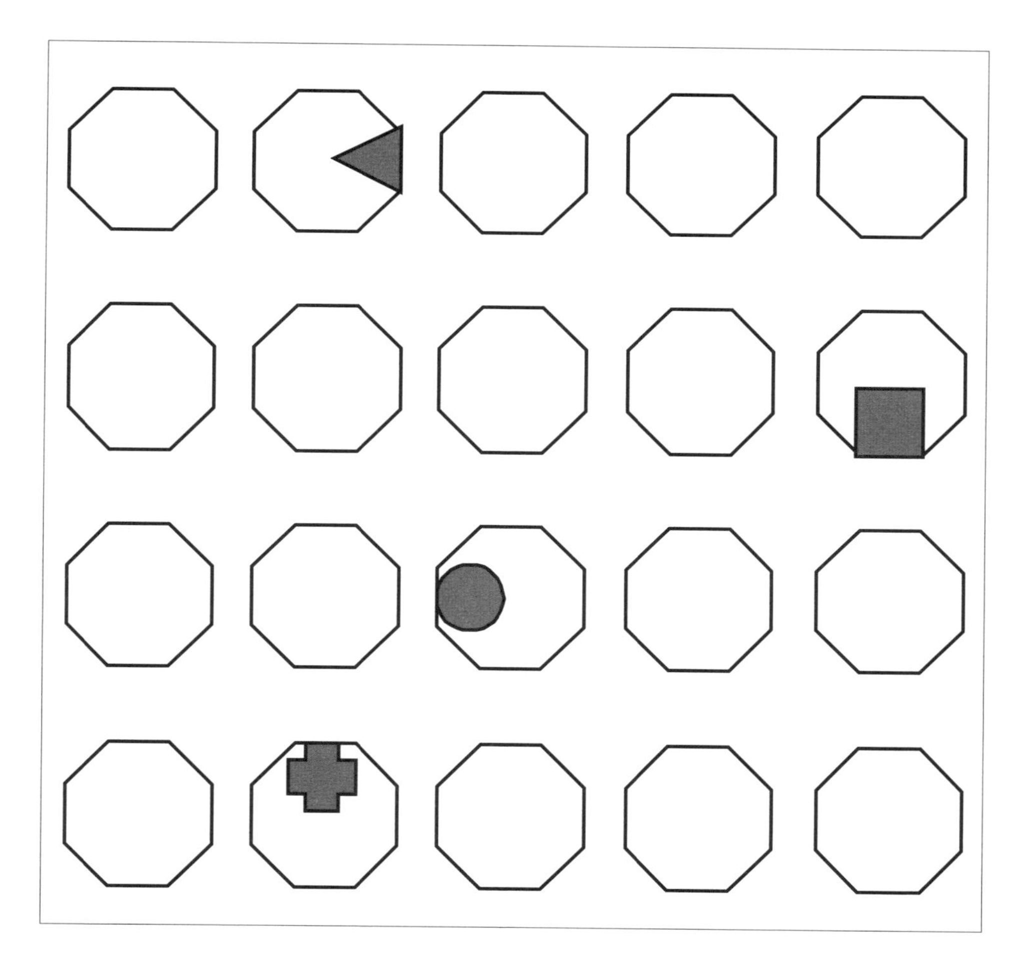

149 Raciocínio: traduza as sequências de imagens em palavras; para isso, observe o modelo e decodifique a letra com seu respectivo desenho.

Modelo

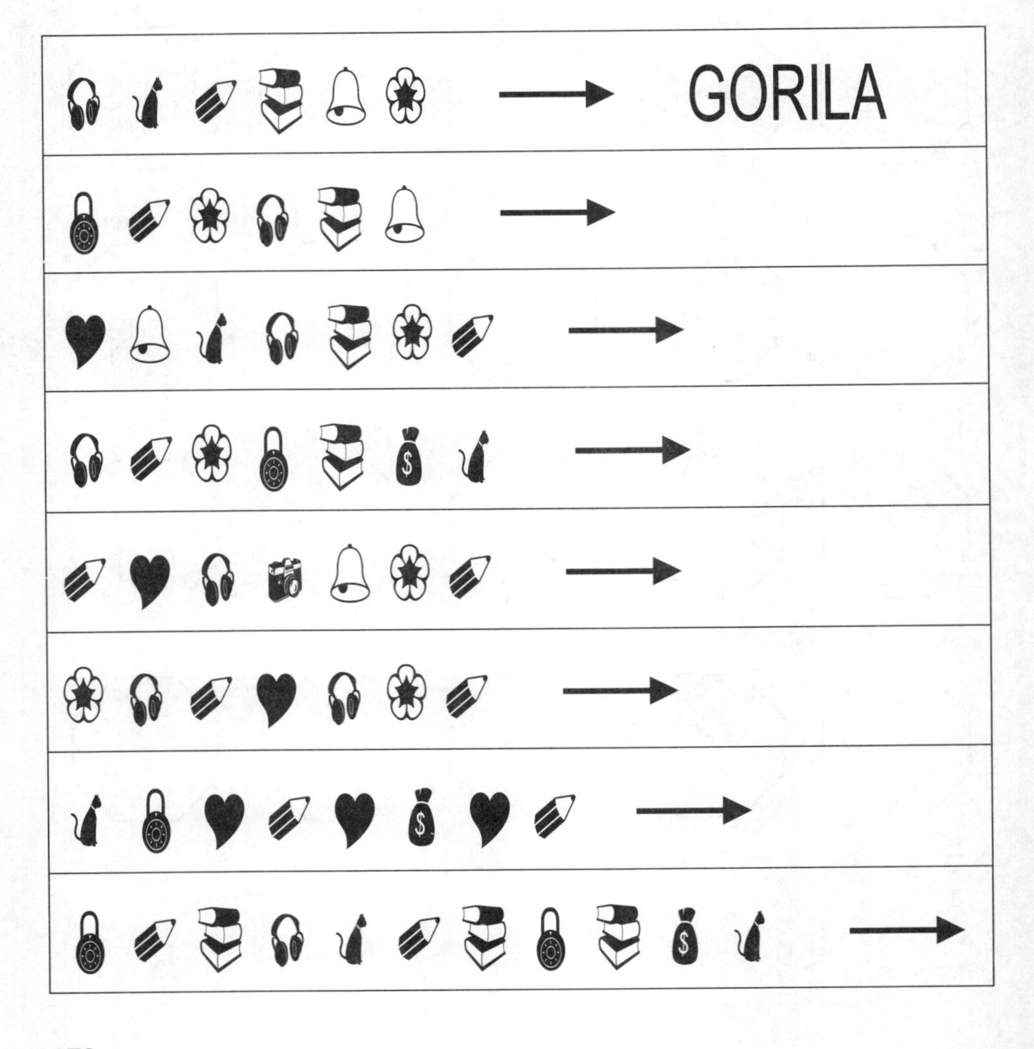

150 Atenção: complete todas as figuras seguindo o modelo situado no quadro superior esquerdo.

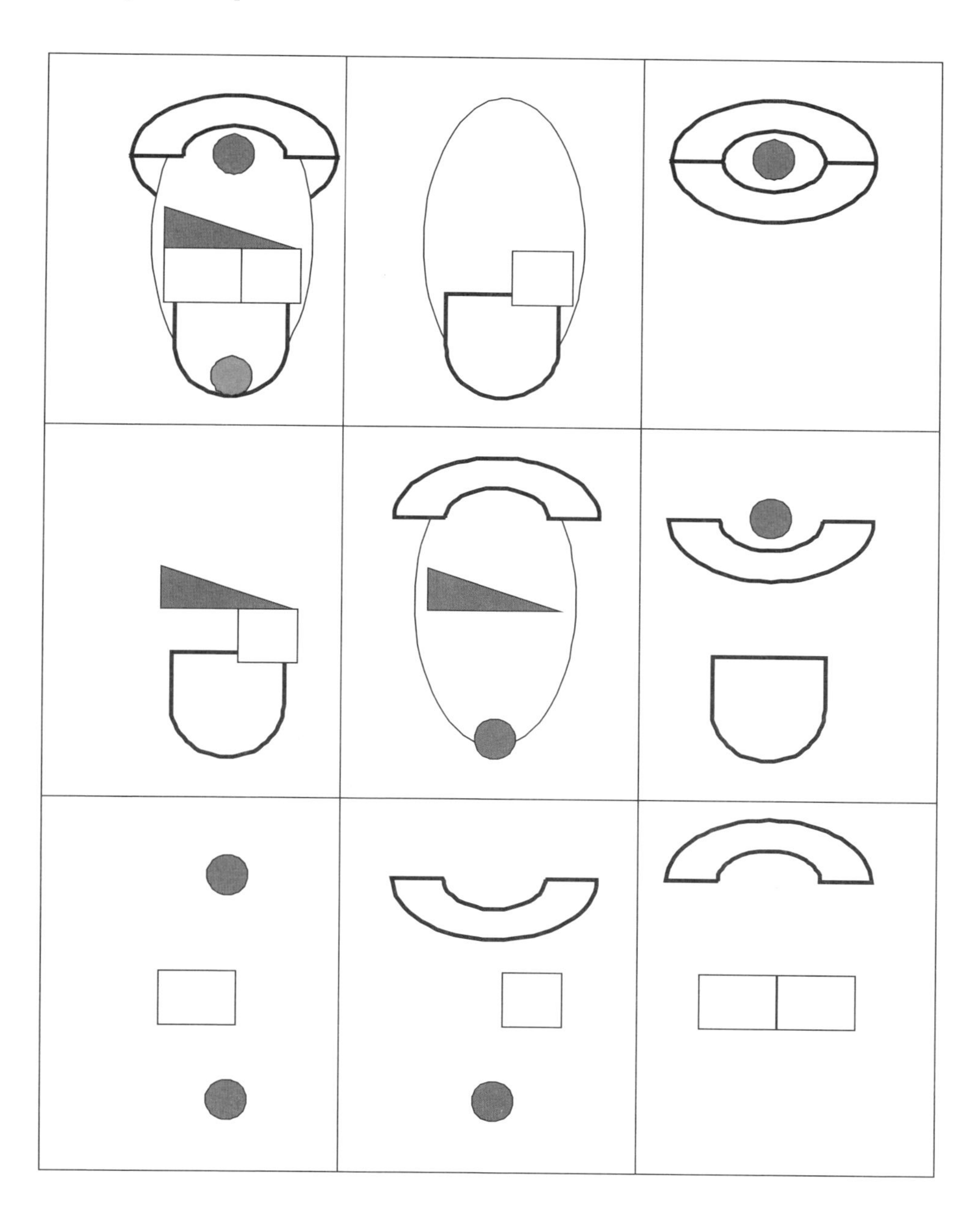

151 Orientação: localize as tesouras que têm em cima o presente, embaixo o sol, à esquerda a cama e à direita a câmera fotográfica. Quantos há de cada um deles?

152 Linguagem: escreva o oposto de cada uma das palavras das colunas utilizando apenas uma palavra.

Formal →	Enfiar →
Pentear →	Esperto →
Carregar →	Macio →
Contratar →	Superior →
Coordenar →	Solto →
Destro →	Sofisticado →
Herdar →	Severo →
Encaixar →	Provável →
Tolerância →	Dar →
Enroscar →	Uniforme →
Fugaz →	Obedecer →
Incrustar →	Educado →

153 Linguagem: escreva uma frase ou história curta com as palavras de um mesmo grupo.

Exemplo

REUNIÃO – DISCUSSÃO – GATO – SALA *Na reunião originou-se uma discussão motivada por um gato que entrou na sala.*
SONO – TULIPA – TANQUE – MERENGUE
RISO – CARTEIRA – PRESENTE – VINHO
FONTE – AREIA – ABACAXI – MELODIA
CAMINHÃO – CALCANHAR – VOZ – SERIADO

154 Orientação: reproduza o quadro superior no quadro inferior, alterando a ordem, de forma que o lado direito se situe do lado direito, e vice-versa.

ϑ	δ	∞	Θ	&	Σ	Φ
Ω	ϒ	η	*f*	∂	ϖ	γ
χ	%	β	#	∝	ψ	α

155 Raciocínio: escolha seis cores para realizar o exercício. Pinte os quadrados a seguir de modo que cada fileira e cada coluna fiquem pintadas com as seis cores que você selecionou.

156 Linguagem: dê o nome daquilo que está sendo definido.

- Sensação de perda do equilíbrio ou de que o próprio corpo e os objetos estão girando, de que se pode cair de uma grande altura ____________

- Ir até o lugar de onde se saiu ____________

- Curto período em que uma pessoa dorme ou descansa depois de comer ____________

- Dizer que não se está de acordo ou contente com alguma coisa ____________

- Formar a água ou a umidade em uma camada de cor marrom-avermelhada em um objeto de metal ____________

- Pau longo e estreito onde se coloca uma bandeira ou as velas dos barcos ____________

- Transmissão de uma doença de uma pessoa ou animal a outros ____________

- Conjunto de regras que indicam como escrever corretamente as palavras de uma língua ____________

- Pequeno inseto que vive no interior da madeira seca, por exemplo, dos móveis, e alimenta-se dela ____________

- Instrumento que serve para pesar; consiste em uma barra horizontal sustentada pelo centro, com um prato em cada extremo ____________

- Parte do corpo dos peixes e de outros animais aquáticos que lhes servem para nadar ____________

- Animal ou vegetal que se alimenta de outro ser vivo, causando-lhe um dano ____________

Soluções

1 Cavalo-marinho

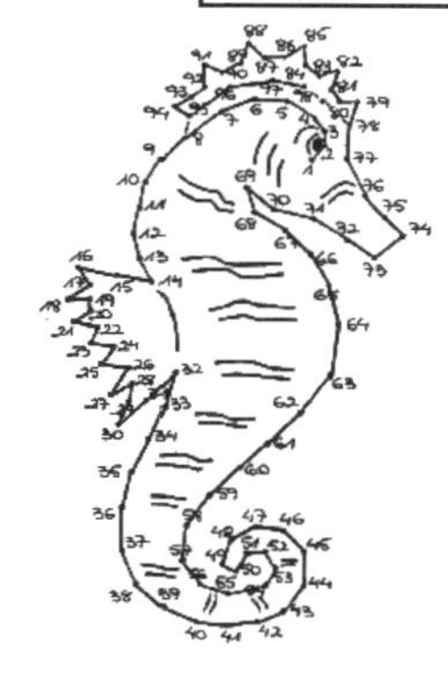

2 Tambor, violino, trompete, saxofone, violão, guitarra, harpa, acordeão, bateria, flauta, baixo, órgão, gaita, trombone, xilofone, triângulo, timbale, pandeiro, cuíca, reco-reco, bumbo, tuba, clarineta, fagote, oboé, viola, violoncelo, pratos, maraca, castanholas, adufe, teclado, berimbau, cavaquinho, alaúde...

4 Parente, parcela, parir, parábola, parcimônia, para, parabólica, para-brisa, paraquedas, paragem, parar, paralisia, parado, para-choque, parlamento, parasita, parecido, parênteses, parque, partícula, páreo, paróquia, participação, parvo, partidário, parágrafo, parte, paralelo, parapente, paródia, parreira, pároco, partitura, particípio, partida, partido, paranoia, parco, pardo, paralelepípedo...

5

62	59	56	52	48	41	38	37	32	21
78	76	71	64	62	59	53	35	32	30
87	82	65	48	45	36	31	29	27	23
111	103	97	85	73	67	58	46	40	39
113	97	86	84	82	69	64	56	52	43
129	109	99	92	85	77	72	46	37	34

6 Luva.

7

Data Doca Deter Dardo Duplex Doido Disco Digno Dublê Doente Delgado Diácono	Deus Dúzia Dado Dama Deita Dólar Dique Desde Ducha Despido Destino Durante	Dolo Duna Duro Dedal Denso Duque Difamar Dragão Domínio Decorar Desfile Desenho

9 Palavras com 4 letras: égua, este, ente, está, elmo, esmo, ermo, elfo, éreo, eido, egeu, eixo, éter, erro, elar...

Palavras com 5 letras: espiã, época, entra, etapa, estar, elege, efuso, estão, elite, estio, ébrio, édito, exato, embuá, efebo...

Palavras com 6 letras: eterno, estola, êmbolo, estepe, estafa, estalo, espiar, escoar, escudo, espera, espaço, escova, enxada, escola, engodo...

Palavras com 7 letras: esquilo, estúdio, esôfago, espécie, enfermo, escolta, esquema, estirar, espuma, espelho, esteira, editora, eremita, esponja, ervilha...

Palavras com 8 letras: elefante, esconder, escrever, exterior, engordar, estômago, especial, elástico, entender, espírito, elevador, esquivar, esguicho, estiagem, ecologia...

10 1 – 2 – 6 – 4 – 5 – 7 – 3 – 2 – 1 – 4 – 7 – 4 – 2

3 – 2 – 4 – 7 – 6 – 3 – 4 – 5 – 4 – 6 – 1 – 3 – 5

4 – 1 – 6 – 4 – 5 – 3 – 2 – 7 – 1 – 3 – 2 – 6 – 3

1 – 7 – 1 – 6 – 4 – 5 – 2 – 3 – 4 – 5 – 1 – 3 – 2

2 – 5 – 3 – 7 – 4 – 6 – 1 – 2 – 3 – 5 – 4 – 2 – 1

5 – 2 – 4 – 1 – 2 – 4 – 7 – 3 – 1 – 6 – 1 – 4 – 5

7 – 2 – 3 – 2 – 5 – 6 – 1 – 2 – 3 – 5 – 1 – 7 – 6

11

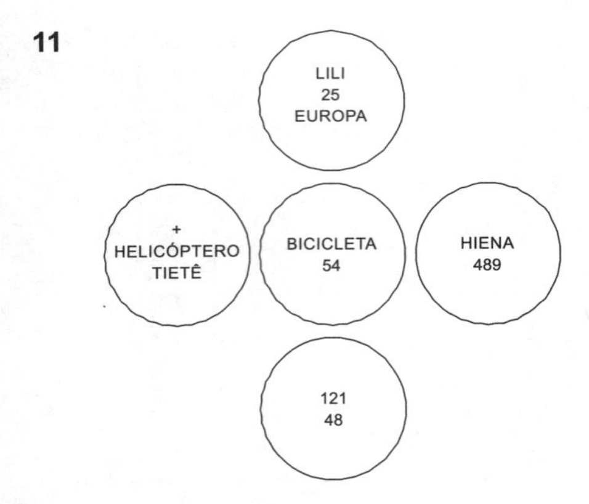

12

É L A C I: C É L I A	L E S I A: E L I S A
R O C S A: O S C A R	É L F I X: F É L I X
I L Ú J A: J Ú L I A	A L U A R: L A U R A
R O M I Á: M Á R I O	A R T M A: M A R T A
E R I E N: I R E N E	Ú L C A I: L Ú C I A
G I D E O: D I E G O	S E U J S: J E S U S
F O L R A: R A L F O	T Á A G A: Á G A T A

13 Dois laços.

15

9 + 14 = 23	4 + 63 = 67	45 – 8 = 37	95 – 7 = 88
8 + 17 = 25	9 + 84 = 93	76 – 4 = 72	86 – 4 = 82
7 + 24 = 31	3 + 79 = 82	93 – 9 = 84	74 – 8 = 66
5 + 16 = 21	5 + 49 = 54	55 – 8 = 47	38 – 6 = 32
4 + 23 = 27	7 + 28 = 35	27 – 8 = 19	13 – 9 = 04
8 + 14 = 22	6 + 19 = 25	65 – 7 = 58	49 – 6 = 43
6 + 33 = 39	6 + 49 = 55	83 – 6 = 77	94 – 7 = 87
8 + 43 = 51	8 + 81 = 89	28 – 9 = 19	72 – 5 = 67
5 + 52 = 57	4 + 75 = 79	94 – 5 = 89	39 – 6 = 33
7 + 84 = 91	9 + 37 = 46	37 – 8 = 29	51 – 7 = 44
6 + 32 = 38	8 + 62 = 70	93 – 5 = 88	22 – 6 = 16
9 + 73 = 82	7 + 48 = 55	75 – 7 = 68	64 – 9 = 55
8 + 44 = 52	6 + 72 = 78	82 – 6 = 76	37 – 5 = 32
4 + 39 = 43	5 + 84 = 89	68 – 9 = 59	85 – 7 = 78
7 + 92 = 99	9 + 63 = 72	21 – 8 = 13	52 – 8 = 44
5 + 67 = 72	8 + 27 = 35	87 – 5 = 82	63 – 5 = 58
5 + 82 = 87	6 + 88 = 94	42 – 7 = 35	11 – 4 = 07

16

LETRA	SOBRE-NOME	GEMA	OBJETO DE MADEIRA	ADJETIVO	OBJETO REDONDO	CONSTRUÇÃO HUMANA
B	Braga	berilo	banco	bom	bola	balcão
P	Pereira	pirita	porta	pesado	prato	piso
C	Couto	crisocola	cama	caro	cuia	casa
G	Gouvêa	granada	gôndola	grande	globo	garagem
R	Ribeiro	rubi	remo	rígido	roda	rotunda
D	Donaire	diamante	divã	duro	disco	dique
A	Azevedo	ametista	armário	alto	arruela	ático

17 Carro, ônibus, caminhão, guincho, *trailer*, perua, dirigível, balão, helicóptero, veleiro, transatlântico, jato, barco, lancha, avião, trator, motocicleta, metrô, trem, triciclo, gôndola, patinete, skate, diligência, submarino, navio, canoa, balsa, jet-ski, foguete, minivan, carruagem, bonde, elevador, teleférico, patins, *segway*, carroça, esqui, espaçonave...

18

	A	B	C	D	E	F	G	H
1	▞				?			
2								▰
3				➚		◆		
4								
5			⊖		▲			
6			⑧					◂
7		ꭓ	♬					
8				✕				
9						□		

19
- Meu sobrinho é muito TRAVESSO.
- Atualmente, a situação é INSUSTENTÁVEL.
- O desempenho dos trapezistas foi ESPETACULAR.
- A casa de Margarida é CONFORTÁVEL.
- O vestido que foi comprado é ELEGANTE.
- O clima aqui é ÚMIDO.
- A notícia do dia é TRÁGICA.
- A partida de futebol está TEDIOSA.
- A reunião familiar foi TENSA.
- A comida estava EXCELENTE.
- As chuvas nos Pireneus foram ABUNDANTES.

20

Oitocentos e quarenta e três.	843
Setecentos e oito.	708
Novecentos e cinquenta e três.	953
Mil oitocentos e quarenta e cinco.	1.845
Mil setecentos e três.	1.703
Oito mil e seis.	8.006
Dezenove mil e trinta e quatro.	19.034
Noventa e três mil setecentos e seis.	93.706
Duzentos e quatro mil trezentos e vinte.	204.320
Seiscentos e vinte e um mil e quarenta.	621.040
Oitocentos e um mil e dezessete.	801.017
Setecentos e quarenta e três mil e dois.	743.002
Um milhão, vinte e quatro mil trezentos e vinte.	1.024.320

21 47 diferentes

ź ů ẵ ẁ ź ű α̋ ž ư ẵ ž α̂ ắ
ẵ ẃ α̋ ằ ů ẁ α̂ ź ű ẃ ž α̋
ẁ α̌ ẵ ű ź α̋ ů ẵ ž ắ α̋ ẃ
ű ẁ ź ẵ ů ẃ α̋ ž α̌ ź ŵ ắ
ẵ α̌ ắ ű ź α̋ ẁ ů ž ẃ ẵ α̂
ů ẵ ẁ ź α̋ ắ ẃ ž ű α̂ ż ẁ
ž ắ ű ẵ ẃ ž α̂ ů ẁ α̋ ắ ž
ẵ ẁ α̌ ű ž α̋ ź ắ α̌ ů ẃ α̋

22

Beluga	Marina	Zeloso
Comida	Peruca	Muleta
Panela	Poeira	Barato
Jujuba	Coleta	Mureta
Cálido	Túnica	Manias
Relaxo	Cômico	Culote
Doente	Peteca	Página
Saliva	Cálice	Paleta
Rápido	Diante	Camelo
Girafa	Felino	Rapina

23

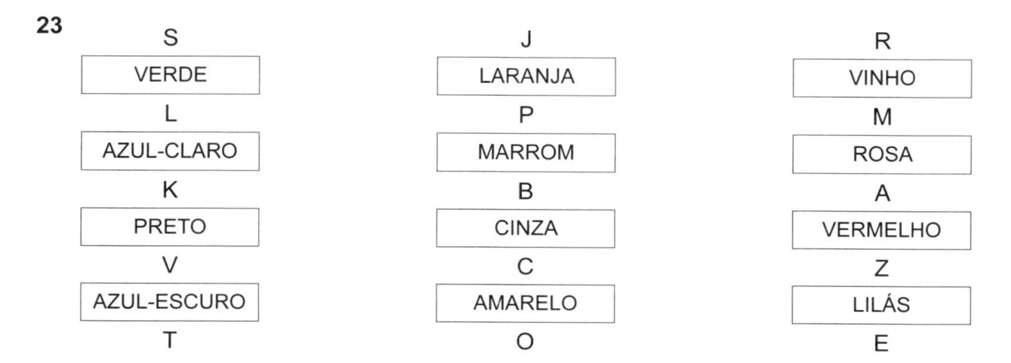

24 R$ 2,00 R$ 3,00 R$ 3,50 R$ 4,00 R$ 1,50 ♣ R$ 1,00

25 Tornado, destino, atenção, diálogo, bandido, carpete, tubarão, máquina, espirro, maligno, casebre, ventosa,...

26

V	T	B	U	R	T	N	T	O	L	M	S	F	R	T
A	G	C	P	D	S	C	E	L	D	A	E	I	A	I
N	I	B	A	N	S	A	G	T	C	X	T	M	D	E
R	S	B	E	E	N	O	F	E	L	E	T	S	I	J
M	D	I	J	S	T	G	C	N	X	E	L	C	O	T
L	S	M	S	A	C	A	E	R	L	O	M	C	U	P
O	E	G	D	B	R	R	S	E	Z	G	I	E	X	O
U	A	O	R	T	D	A	G	T	S	D	C	L	G	B
B	X	Z	A	E	U	R	D	N	J	P	E	U	T	M
C	M	N	J	B	A	G	E	I	O	Z	S	L	G	F
F	K	A	X	M	S	N	R	J	R	L	A	A	M	B
P	N	S	A	C	J	E	S	X	N	D	E	R	S	L
R	I	X	F	L	P	M	E	G	A	C	T	J	A	N
N	E	L	Z	S	O	H	A	N	L	I	V	R	O	E

27 Objetos necessários: caneta, papel, envelope e selo.

Procedimento: saudar, escrever no papel o que se quer dizer, assinar, indicar a data, dobrar, introduzir no envelope, fechar o envelope, escrever o destinatário, escrever o remetente, colar o selo e colocar a carta em uma caixa de correio.

29 Capa, sopa, roupa, chapa, tapa, desculpa, dissipa, solapa, chispa, polpa, rompa, rampa, pipa, empapa, extirpa, copa, rapa, pupa, polpa, papa, pampa, lupa, destapa, tropa, lapa, agrupa, galopa, carpa, culpa, escapa, acampa, cepa, garupa, tulipa, supimpa, garapa, chupa, xepa, vespa, garoupa...

30

Dez e quatorze	Números
Ludo e damas	Jogos de mesa
Tietê e Solimões	Rios
Braço e perna	Extremidades de corpo
Pentágono e quadrado	Figuras geométricas
Abril e julho	Meses do ano
Marquês e conde	Títulos de nobreza
Tramontana e levante	Ventos
Baguete e ciabatta	Pães
Democratas e republicanos	Partidos políticos
Madri e Roma	Capitais
Maria e José	Nomes
Leão e Sagitário	Signos
Pinheiro e abeto	Árvores
Adaga e faca	Armas brancas

31

4 – 2 – 7 – 1	8 – 9 – 1 – 5
1247 – 1274 – 1427 – 1472 – 1724 – 1742	1589 – 1598 – 1859 – 1895 – 1958 – 1985
2147 – 2174 – 2417 – 2471 – 2714 – 2741	5189 – 5198 – 5819 – 5891 – 5918 – 5981
4127 – 4172 – 4217 – 4271 – 4712 – 4721	8159 – 8195 – 8519 – 8591 – 8915 – 8951
7124 – 7142 – 7214 – 7241 – 7412 – 7421	9158 – 9185 – 9518 – 9581 – 9815 – 9851

32

33

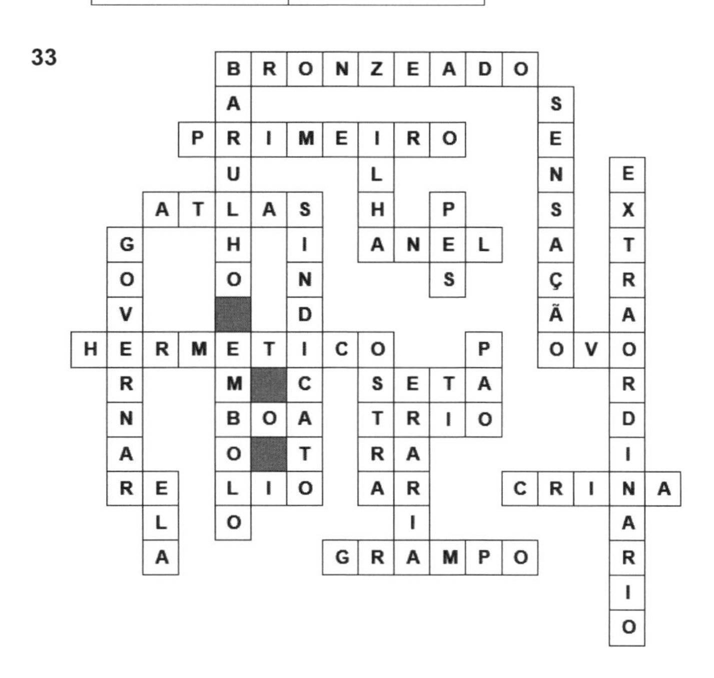

34

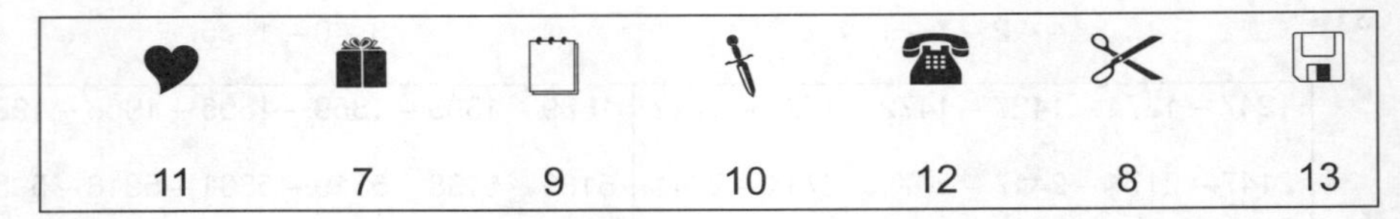

35

- Frágil e alongado: TAÇA DE CHAMPANHE.
- Líquido e verde: ADUBO DE PLANTAS.
- Transparente e quadrado: *CAIXA* DE CD.
- Duro e pequeno: MOEDA.
- Volumoso e leve: ALMOFADA.
- Prateado e redondo: MEDALHA.
- Alongado e rosa: QUARTZO ROSA.
- Cilíndrico e azul: APONTADOR.
- Retangular e pequeno: PIRITA.
- Metálico e quadrado: RELÓGIO.
- Dourado e verde: PINGENTE.
- Caro e de madeira: CAMA.
- Leve e marrom: CABIDE.

36

1.	Prefiro as frutas e verduras aos doces.
2.	Em breve voltarei a praticar meu esporte preferido.
3.	Melhor é sempre oferecer do que pedir algum favor.
4.	Não fico à vontade em lugares onde tem muita gente.
5.	Na semana passada fizemos uma excursão às montanhas.
6.	Hoje passei um dia lindo com minha família.
7.	Hoje faz dois anos que viemos morar nesta casa.
8.	Se não fosse por minha irmã, ontem eu teria ido ao cinema.

37 Repete-se quatro vezes o símbolo Ю.

Aparecem apenas uma vez os símbolos ґ ß Э.

39

473	Quatrocentos e setenta e três.
821	Oitocentos e vinte e um.
4.567	Quatro mil quinhentos e sessenta e sete.
6.901	Seis mil novecentos e um.
10.843	Dez mil oitocentos e quarenta e três.
19.735	Dezenove mil setecentos e trinta e cinco.
36.903	Trinta e seis mil novecentos e três.
106.803	Cento e seis mil oitocentos e três.
700.008	Setecentos mil e oito.
938.106	Novecentos e trinta e oito mil cento e seis.
801.120	Oitocentos e um mil cento e vinte.
1.004.782	Um milhão, quatro mil setecentos e oitenta e dois.
8.170.000	Oito milhões, cento e setenta mil.
7.937.001	Sete milhões, novecentos e trinta e sete mil e um.
2.725.187	Dois milhões, setecentos e vinte e cinco mil cento e oitenta e sete.

40

Decente → Indecente	Defesa → Ataque
Evolução → Involução	Ânimo → Desânimo
Ilusão → Realidade	Acerto → Erro
Verdade → Mentira	Oriente → Ocidente
Seco → Molhado	Prisioneiro → Livre
Luxo → Miséria	Pesado → Leve
União → Separação	Viável → Inviável
Igual → Desigual	Dócil → Agressivo
Insulto → Elogio	Traidor → Leal
Honra → Desonra	Certo → Incerto
Louco → Lúcido	Enviar → Receber
Hábil → Desajeitado	Solvente → Insolvente

41 105 vogais.

42 Ludo, damas, cabra-cega, esconde-esconde, pega-pega, xadrez, corrida de sacos, futebol, vôlei, basquete, dança das cadeiras, paciência, bingo, pôquer, truco, bilhar, dominó, palitinhos, resta um, mãe da rua, amarelinha, handebol, beisebol, hóquei, pebolim, adedanha, taco, queimada, forca, jogo da velha, jogo da memória, *go*, *mahjong*, tênis, pingue-pongue, polo aquático, boliche, *pinball*, fliperama, videogame...

43

⧉ → 8B	✦ → 5D	👄 → 4G	⌗ → 2A
† → 6F	◈ → 7D	¶ → 3H	Ⅱ → 9E
⌖ → 7H	⅄ → 2F	Φ → 8F	❱ → 6A

44 *Ontem* saí correndo de *carro* para comprar um *lápis* e esqueci de fechar a *porta*.

Na *rixa* pelo *creme* de rosto, voou *bota*, sandália e até uma *flauta*!

Seguiu *adiante* contando-lhe a *história*, mas pisou no *freio* quando esqueceu-se do *lírio*.

O valioso *selo* estava na *mala* sob a *árvore* banhada pela sombra de uma *nuvem*.

45

2 x 3 = 6	7 x 4 = 28	2 x 7 = 14
6 x 2 = 12	3 x 3 = 9	8 x 9 = 72
3 x 5 = 15	6 x 8 = 48	3 x 4 = 12
4 x 4 = 16	5 x 4 = 20	7 x 9 = 63
7 x 8 = 56	6 x 6 = 36	6 x 4 = 24
6 x 5 = 30	2 x 8 = 16	3 x 8 = 24
8 x 4 = 32	3 x 6 = 18	6 x 7 = 42
2 x 9 = 18	2 x 4 = 8	2 x 5 = 10
3 x 7 = 21	8 x 8 = 64	9 x 4 = 36
9 x 9 = 81	3 x 9 = 27	5 x 8 = 40
5 x 5 = 25	5 x 7 = 35	6 x 9 = 54
2 x 2 = 4	7 x 7 = 49	9 x 5 = 45

46

Canelone	massa	carne moída	tomate	cebola
Salada	alface	pepino	rúcula	azeite
Sopa de lentilhas	lentilhas	cheiro verde	pimenta	sal
Macarrão	massa	manjericão	cebola	salsa
Canjica	canjica	leite de coco	leite condensado	canela
Salada russa	beterraba	batata	frango	maionese
Vichyssoise	alho-poró	cebolinha	creme de leite	caldo de galinha
Caldo verde	caldo de legumes	batata	óleo	couve
Misto-quente	pão	queijo	presunto	manteiga
Lasanha	massa	molho de tomate	farinha de trigo	carne moída
Madalenas	ovo	manteiga	açúcar	raspas de limão
Escalope	cogumelo	filé mignon	molho madeira	abacaxi

48 bandeira, aposta, presépio, comprar, duplex ou casa, história, mochila, nicotina, prevenir, recuperar, filmagem, toldo, louça

49 Sandra – Marcelo / Érica – Pedro / Magali – Cláudio.

51 Ternura, terrível, terrícola, tertúlia, terço, terreno, terminar, terraço, terceiro, térmico, terminal, terrestre, termófita, terráqueo, térreo, terral, terapia, terapeuta, território, terciário, terremoto, terrorismo, termo, termômetro, término, terminação, terraplana, termostato, terror, terçol, tergal, territorial, termógrafo, terra, teriatria, terça, termelétrica, terno, terçar, terceto...

52

28	32	36	39	41	45	62	64	73	76
42	49	52	58	74	78	79	81	82	86
16	18	25	28	46	51	62	68	73	76
32	38	41	47	49	53	54	56	91	96
71	76	82	84	89	92	95	98	101	111
71	72	75	87	88	90	96	100	104	108

53 Existem 148 números pares.

54

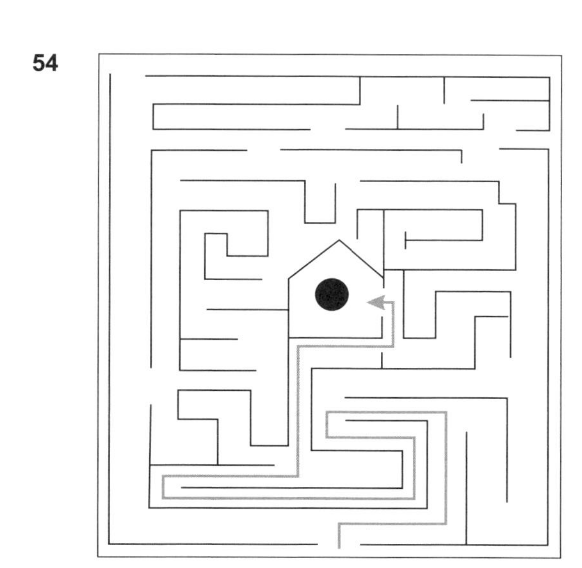

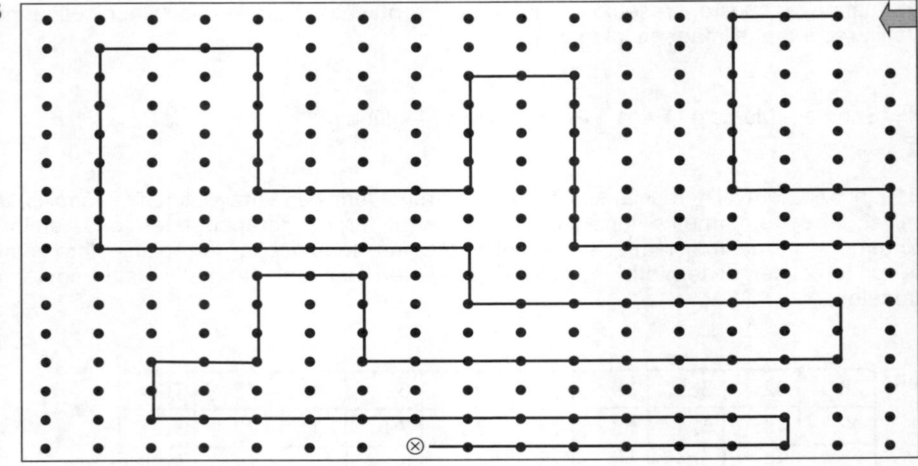

56 ***Menu semanal*** (exemplo)

Segunda-feira	Terça-feira	Quarta-feira
Macarronada Almôndegas Pudim de leite	Carne vegetariana Salada verde Romeu e Julieta	Feijoada Couve Mousse de limão
Quinta-feira	**Sexta-feira**	**Sábado**
Bife acebolado Purê de batatas Gelatina	Hambúrguer Batata-frita Torta de banana	Bacalhau Arroz branco Torta holandesa
Domingo		
Nhoque Bolinho de mandioca Sorvete de chocolate		

57

Decoro	Pároco	Estufa
Cólica	Gorila	Farelo
Moleza	Número	Impune
Bolero	Pelado	Almaço
Melaço	Andado	Hélice
Medusa	Mônica	Karatê
Seriar	Marido	Pisada
Módico	Lívida	Visita
Sabida	Soneto	Espuma
Lavabo	Perigo	Cereja

58

◈	♎	⊖	⍓	⊙	❖	♐
⊖	♐	◈	♎	❖	⍓	⊙
⍓	⊙	❖	♐	⊖	♎	◈
♐	❖	♎	⊙	⍓	◈	⊖
❖	⊖	⍓	◈	♐	⊙	♎
⊙	◈	♐	❖	♎	⊖	⍓
♎	⍓	⊙	⊖	◈	♐	❖

60 Há 11  13  10 ✉ 13 👄 7 🔔

🌡	✿	✉	🌡	✉	✿	✉	🌡	👄
🔔	✉	👄	✿	👄	🌡	👄	✉	✿
✿	👄	🌡	👄	🔔	✉	✿	👄	🌡
🌡	🔔	👄	✉	✿	👄	✉	🔔	✿
✿	👄	✿	👄	🌡	✿	👄	🌡	✉
✉	🔔	🌡	🔔	✿	👄	🔔	✿	🌡

61 Gato, poça, ardil, cola, pilha, bota, cinto, boca, filho, alto, foca, cão, imbecil, cílio, desejo, tocar, amor, corsa, gema, gororoba, bacia, cuco, transplante, pena, abril, caolho, malícia, toca, pelagem, filme, terror, pântano, namorada, acelga, focinho, pato, torrada, maligna, vegetal, piada, onda, tempestade, carente, azul, tigre...

62 Restam 5 sem agrupar.

63 1 – 3 – 6 – 9 – 10 – 12.

65 Devem lhe devolver R$ 30,33.
As cinco pastas custaram R$ 71,25.
A borracha custou R$ 0,95.
Equivale a € 61,80.
Cada um dos irmãos deve receber R$ 66,66.

66

• MOGA:	GAMO	MAGO	GOMA
• ARFI:	FIAR	RIFA	FRIA
• MTIO:	MITO	TIMO	OTIM
• OATP:	PATO	TOPA	TAPO
• SCAO:	CASO	SACO	CAOS
• IAFR:	FIAR	FIRA	RIFA
• ADNO:	DANO	NADO	DONA
• MRAA:	AMAR	ARMA	RAMA
• ATLA:	ALTA	TALA	LATA

67 03 – 18 – 25 – 33 – 46 – 55 – 70.

68 Rory Gallagher, Jimi Hendrix, R.E.M., Skank, Os Paralamas do Sucesso, Led Zeppelin, Alice In Chains, Daniela Mercury, Stone Temple Pilots, Sugar Ray, Orb, Guns'n Roses, Charlie Brown Jr., Nirvana, Soundgarden, Roberto Carlos, Cássia Eller, Erasmo Carlos, Wanderléa, Ary Barroso, Pepeu Gomes, Rolling Stones, The Who, The Killing Joke, Smashing Pumpkins, Elvis Presley, The Temptations, Stevie Wonder, Marvin Gaye, Sidney Magal, The Cure, The Doors, The Cramps, AC/DC, Duran Duran, Frank Zappa, Deep Purple, Jefferson Airplane, Michael Jackson.

69

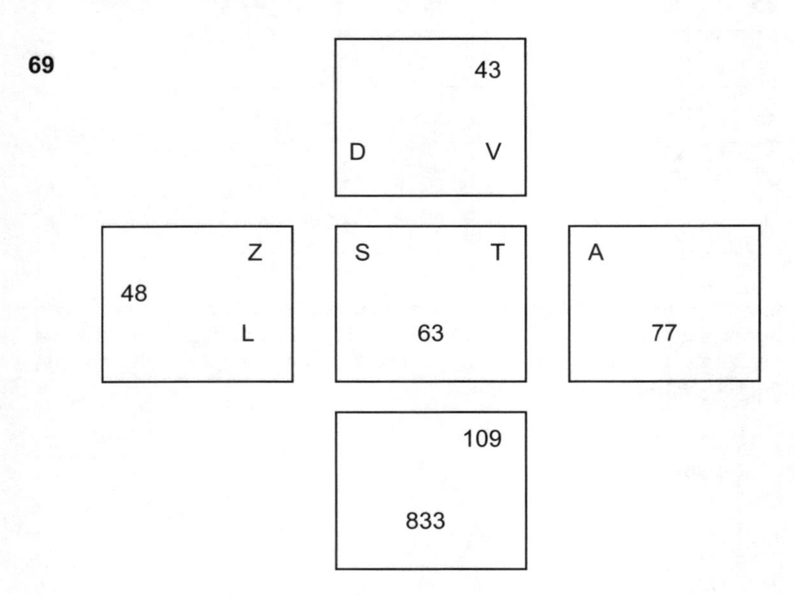

70

Banheira	Fábrica
Bom	Fruta
Brisa	Geladeira
Caldo	Grade
Canto	Grua
Cara	Lenha
Creme	Lento
Dor	Nervo
Dormir	Nota
Duna	Saúde
Esmalte	Semana

71

Mil oitocentos e trinta e sete.	1.837
Seis mil, trezentos e cinquenta e nove.	6.359
Vinte e cinco mil quatrocentos e sete.	25.407
Cinquenta e três mil e dezesseis.	53.016
Setecentos e um mil e vinte.	701.020
Quinhentos e dois mil e duzentos.	502.200
Seiscentos mil setecentos e cinco.	600.705
Novecentos mil trezentos e vinte.	900.320
Um milhão, dez mil e vinte e quatro.	1.010.024
Quatro milhões, cinco mil e três.	4.005.003
Seis milhões, trezentos e cinquenta mil.	6.350.000
Oito milhões, novecentos e um mil e três.	8.901.003
Vinte e cinco milhões e duzentos.	25.000.200
Trezentos milhões, cinco mil e quatro.	300.005.004
Duzentos e treze mil milhões.	213.000.000.000

72 Fruta, férias, faraó, firma, fibra, festa, fresa.

73 Persiana, descanso, favorito, repousar, elefante, barítono, percurso, suspirar, telefone, salseiro...

74

75

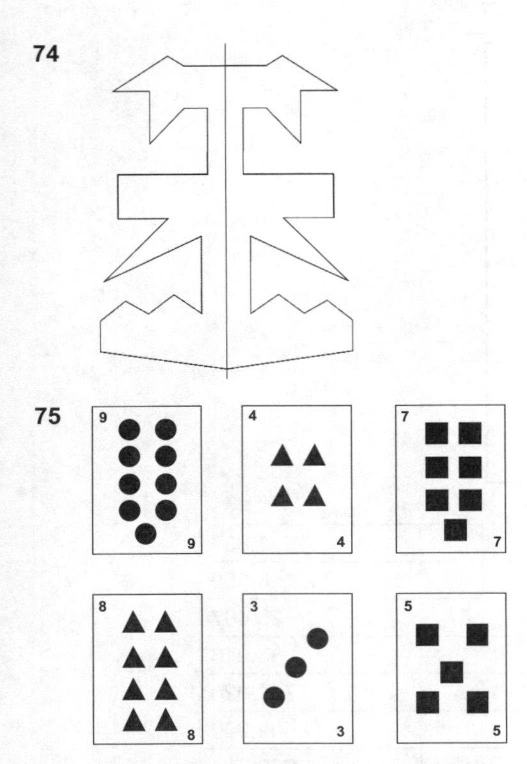

76

- As sobremesas estavam DELICIOSAS.
- Fiquei muito TRISTE quando você foi embora.
- A roupa ainda estava ÚMIDA.
- O vestido era CARÍSSIMO.
- É uma garota EXEMPLAR.
- Preciso de um papel mais GROSSO.
- Minha filha tem alguns COMPLEXOS.
- A cadeira é muito CONFORTÁVEL.
- Amanhã haverá um eclipse PARCIAL do sol.
- Devemos solucionar esse caso PARTICULAR.
- Em geral, os excessos são PREJUDICIAIS.

77

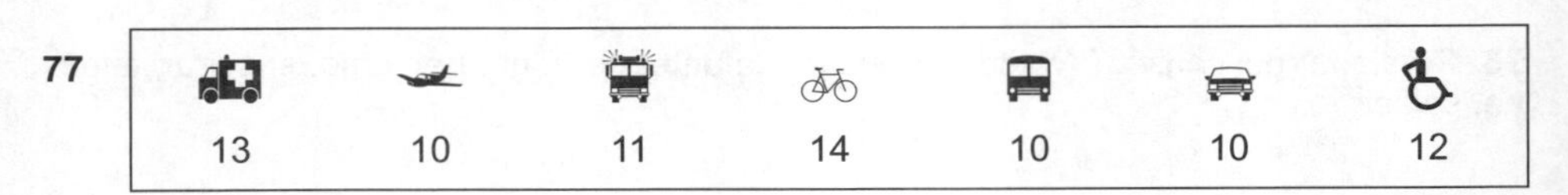

78 Utensílios: lixa, pincel, tinta, solvente.

Procedimento: primeiro lixa-se a porta. Depois de lixada, passa-se uma primeira camada de tinta e aguarda-se secar. Quando a primeira camada de tinta estiver seca, passa-se uma segunda. Por fim, lava-se o pincel com solvente.

79

Piso	Pira	Pele
Pato	Pavê	Pago
Pacto	Palma	País
Pulso	Palco	Poste
Patrão	Papel	Picar
Pluma	Ponto	Prazo
Pausa	Planta	Poeira
Polia	Parcela	Pirata
Poder	Procura	Prado
Pigarro	Paródia	Passeio
Palácio	Popular	Praia
Presente	Pulseira	Páprica

80

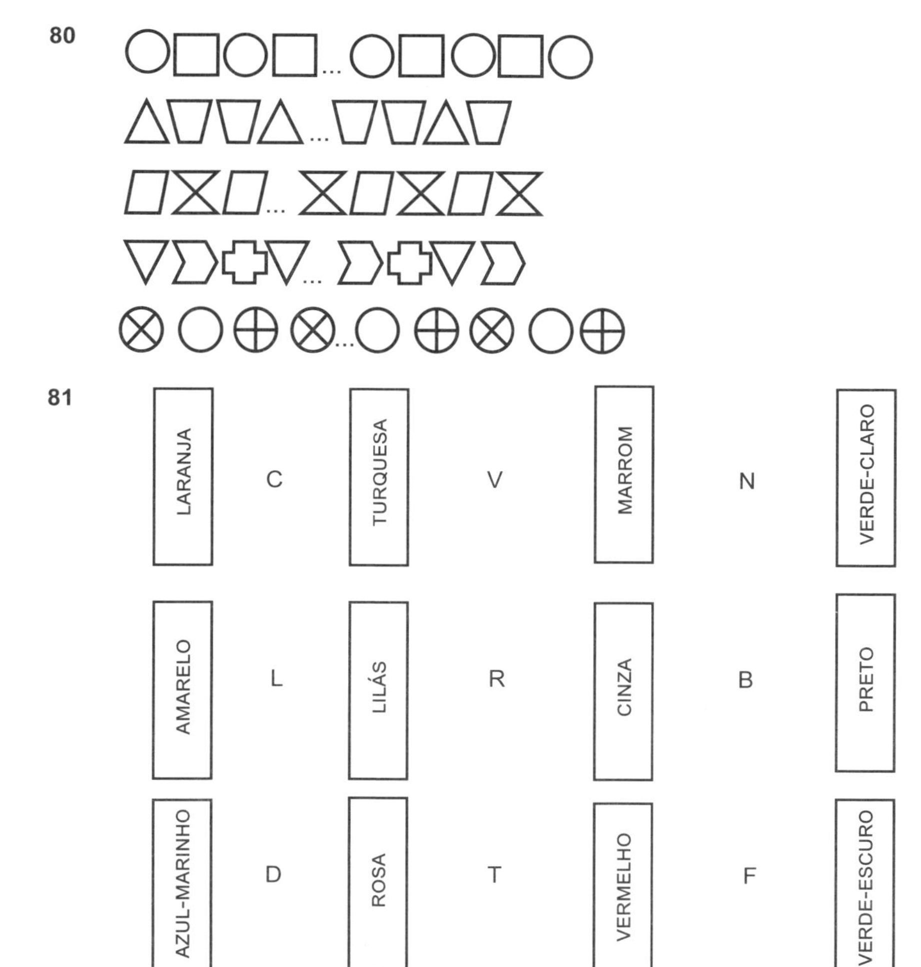

82

27	**48**	**37**	8	24	**57**	**33**	**51**
69	15	94	87	4	12	**74**	18
82	**76**	**60**	**42**	**55**	97	**40**	**67**
10	98	**62**	90	14	83	6	26
41	86	19	**35**	**73**	**46**	80	**44**
54	22	89	**77**	**65**	28	95	**59**
32	96	**52**	5	**47**	91	31	17
64	13	84	**68**	**70**	20	**63**	**49**
45	**71**	92	25	93	**39**	**72**	99
7	**58**	**34**	81	9	88	23	**61**
38	**66**	**50**	29	11	**78**	**53**	**36**
21	79	16	**75**	**56**	**43**	30	85

83 Cão, caminhão, salão, talão, peão, balão, colchão, patrão, decepção, galão, habitação, recreação, iluminação, alçapão, ferrão, balcão, natação, pressão, mansão, arrebentação, ração, provação, gestação, bisão, versão, zangão, pensão, suspensão, plantação, inversão, tradução, revisão, preparação, questão, dispersão, gestão, turrão, menção, investigação, ação...

84 Cachorro.

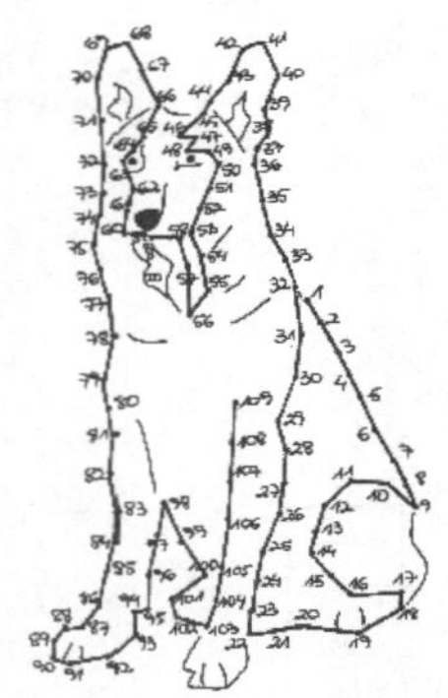

85

Escreva 5 oceanos	Escreva 5 capitais	Escreva 5 regiões
Atlântico	Brasília	Norte
Índico	Paris	Nordeste
Pacífico	Madri	Centro-Oeste
Glacial Ártico	Londres	Sudeste
Glacial Antártico	Roma	Sul
Escreva 5 estados	**Escreva 5 cidades**	**Escreva 5 bairros**
São Paulo	Petrópolis	Leme
Rio de Janeiro	Campinas	Paraíso
Mato Grosso	Limeira	Vila Mariana
Santa Catarina	Volta Redonda	Cascatinha
Ceará	Salvador	Valparaíso

86

	A	B	C	D	E	F	G	H
1			♌		?			
2					♒			
3				♦			ϟ	
4	☺	$						
5		●						
6								♏
7			◀◀					
8				¥			II	
9						♐		

87 Asno, cana, assado, casa, década, nada, seda, Ana, sonda, dado, onda, caos, cano, decano, nado, cena, cada, doce, doca, seca, dano, cone, escada, nasce, anca, ás...

88

Filho e irmão	Familiares
Bolo e madalenas	Doces
Amendoins e amêndoas	Oleaginosas
Vender e correr	Verbos
Pistola e escopeta	Armas de fogo
Petrópolis e São Paulo	Cidades
Sábado e segunda-feira	Dias da semana
Mindinho e anular	Dedos
Ônibus e metrô	Transportes públicos
Rabo de cavalo e coque	Penteados
Somar e subtrair	Operações aritméticas
Apartamento e casa	Moradias
Mi e ré	Notas musicais
Pare e dê a preferência	Sinais de trânsito
Agradável e sincero	Adjetivos

89

ESTADOS	REPETIÇÕES
Acre	9
Amazonas	8
Bahia	8
Ceará	10
Goiás	9
Paraná	6
Rio de Janeiro	6
São Paulo	7
Sergipe	6
Tocantins	5
TOTAL de Estados	74

90

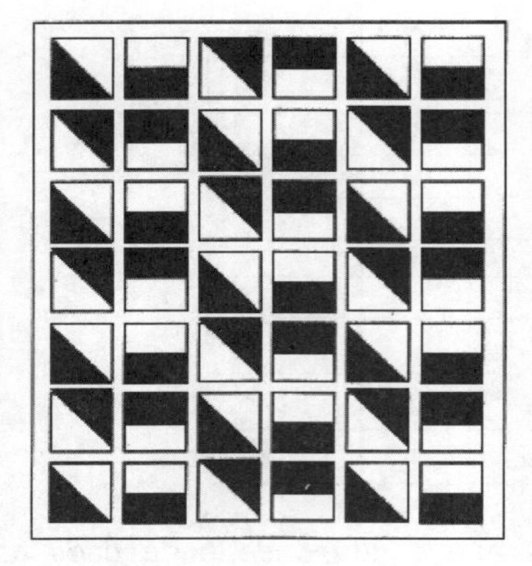

91

92

576	Quinhentos e setenta e seis.
1.407	Mil quatrocentos e sete.
9.021	Nove mil e vinte e um.
11.400	Onze mil e quatrocentos.
48.023	Quarenta e oito mil e vinte e três.
80.101	Oitenta mil cento e um.
702.003	Setecentos e dois mil e três.
620.080	Seiscentos e vinte mil e oitenta.
119.704	Cento e dezenove mil setecentos e quatro.
572.000	Quinhentos e setenta e dois mil.
291.111	Duzentos e noventa e um mil cento e onze.
1.030.600	Um milhão, trinta mil e seiscentos.
5.010.009	Cinco milhões e dez mil e nove.
4.190.023	Quatro milhões, cento e noventa mil e vinte e três.
3.000.800	Três milhões e oitocentos.

93

Tigela	Urtiga	Semana
Novelo	Girino	Baliza
Pureza	Gorila	Jacaré
Roleta	Câmara	Astuto
Bolero	Altivo	Espada
Lâmina	Jogada	Íntimo
Cabeça	Sugado	Pepino
Bigode	Gônada	Careta
Veneno	Duende	Colega
Modelo	Batido	Tomate

94

ώ υ ψ δ ώ φ υ ϕ ϖ ϕ ϭ ῡ ῡ
ψ ώ ϭ φ υ δ ϖ ϕ υ ῡ ώ δ ψ
φ δ ῡ υ ώ ϕ ῡ ώ ϭ δ υ ψ ϖ
ώ ψ δ ϭ ῡ ϖ υ δ ῡ φ ψ ϕ δ
ϭ υ ϕ ῡ δ φ ψ υ ϖ ϭ ῡ ώ ῡ
υ ώ ῡ υ δ ώ ϖ ϕ δ ψ ῡ φ ῡ
ώ ψ ϕ φ ϖ ῡ φ δ ϭ ψ ϕ ώ
ϭ υ ϖ ϭ φ ψ ϕ ῡ ώ ῡ φ δ υ

96

8 + 194 = 202	6 + 463 = 469	405 – 8 = 397	995 – 7 = 988
7 + 217 = 224	8 + 874 = 882	766 – 7 = 759	816 – 5 = 811
6 + 242 = 248	4 + 279 = 283	193 – 9 = 184	174 – 8 = 166
4 + 166 = 170	7 + 849 = 856	565 – 8 = 557	381 – 6 = 375
8 + 235 = 243	8 + 328 = 336	297 – 7 = 290	123 – 9 = 114
7 + 714 = 721	5 + 919 = 924	655 – 8 = 647	429 – 6 = 423
9 + 383 = 392	9 + 649 = 658	893 – 5 = 888	294 – 5 = 289
8 + 453 = 461	4 + 851 = 855	281 – 8 = 273	722 – 4 = 718
6 + 528 = 534	7 + 705 = 712	944 – 5 = 939	339 – 5 = 334
5 + 184 = 189	9 + 327 = 336	237 – 8 = 229	531 – 7 = 524
4 + 362 = 366	8 + 162 = 170	973 – 6 = 967	322 – 6 = 316
8 + 723 = 731	9 + 468 = 477	745 – 9 = 736	643 – 9 = 634
7 + 144 = 151	5 + 672 = 677	182 – 5 = 177	347 – 5 = 342
3 + 399 = 402	7 + 384 = 391	689 – 4 = 685	485 – 7 = 478
5 + 902 = 907	9 + 603 = 612	210 – 6 = 204	542 – 8 = 534
4 + 637 = 641	8 + 279 =287	807 – 8 = 799	653 – 5 = 648
2 + 282 = 284	6 + 185 = 191	424 – 7 = 417	151 – 6 = 145

97 Tico.

98 Fogão, micro-ondas, secadora, geladeira, lavadora de pratos, aspirador de pó, ferro de passar, liquidificador, congelador, batedeira, torradeira, cafeteira, processador, sanduicheira, televisão, DVD player, videocassete, videogame, espremedor, forno elétrico, computador, secador de cabelo, aquecedor, condicionador de ar, umidificador de ar, depilador...

100

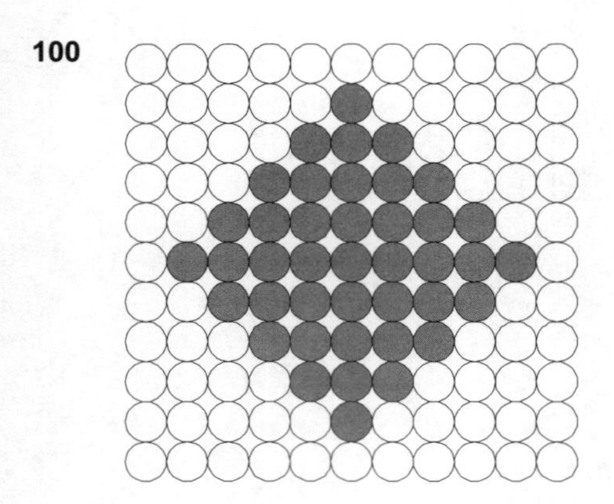

101

• SAOP:	SAPO	SOPA	APÓS
• COAT:	TACO	COTA	TOCA
• UGRA:	RUGA	GRUA	RAGU
• AERP:	PARE	PERA	PREÁ
• TLOA:	ATOL	LOTA	TALO
• RCIA:	CRIA	RICA	CAIR
• LOAH:	OLHA	ALHO	HALO
• ORAT:	RATO	ROTA	TORA
• OTRI:	RITO	TIRO	TRIO

102 Quais são os dois conjuntos que contêm as mesmas figuras? A – D.

Desenhe as duas figuras diferentes das demais: 

104 Esperança, persistir, encontrar, astrônomo, protestar, aspirante, documento, cachalote...

105

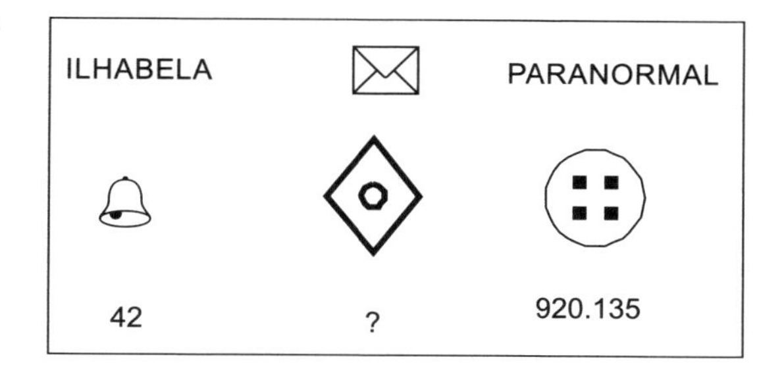

106 Tomou o *xarope* e sentou-se na *cadeira* para ler o *romance* da *sereia*.
Aguardou no *banco* do *mercado* com o *cachorro* enquanto a esposa ia até o *balcão*.
Soltei um *grito* hoje de *manhã* quando uma *pedra* caiu no meu prato de *sopa*.
O dançarino de *tango* deu um *guincho* ao encontrar o *botão* debaixo do *cartão*.

107 Sensação, senha, sensual, sentar, sênior, sentir, sensacional, seno, senilidade, senado, senador, senso, sentimental, sentença, sensor, sentenciar, senão, sentimento, sensato, sensível, senado, sensibilidade, sensorial, senil, sentido, Senegal, senoidal, sena, senhora, sengo, senhor, senhoril, sentinela, sentado, sentimentalismo, senzala, sentenciar, senadora, sensacionalismo...

108 Três setas restam sem grupo.

109 Há 167 números ímpares.

110
- Branco, redondo e leve: ALMOFADA.
- Quadrado, pesado e duro: PESO DE PAPEL.
- Metálico, comprido e grosso: VIGA.
- Grande, fino e de plástico: VARA.
- Comprido, sofisticado e de tecido: VESTIDO.
- Cilíndrico, barato e de vidro: VASO.
- Ovalado, prático e de prata: CINZEIRO.
- Dourado, caro e pequeno: BRINCO.
- Flexível, decorativo e resistente: BONECO.
- Pequeno, duro e brilhante: DIAMANTE.
- Grande, retangular e de madeira: MESA.
- Frágil, antigo e pequeno: PORTA-JOIAS.

111 Abajur.

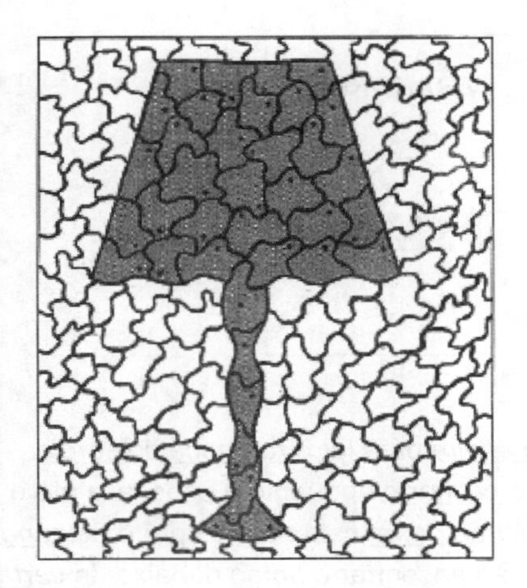

112

1.	Apanhar um vaso maior.
2.	Pegar a terra adubada.
3.	Pegar a planta que será transplantada.
4.	Preencher o vaso com terra até a metade.
5.	Separar a planta do vaso.
6.	Introduzir a planta no vaso maior.
7.	Terminar de preencher o vaso com terra.
8.	Amassar a terra.
9.	Regar a planta.
10.	Colocar a planta em seu lugar.

113 Ю ф ♑ 🎗

114

1.	Logo os pais irão voltar da reunião.
2.	Se puder, venha até aqui, pois quero lhe contar uma coisa.
3.	Suba rápido, até em casa, que você tem uma visita inesperada.
4.	Hoje estou muito contente porque recebi uma boa notícia.
5.	De repente começou a chover e todo mundo buscou abrigo.
6.	Estive cozinhando a manhã toda para preparar a ceia de hoje.
7.	Ontem caí no corredor e por sorte não quebrei nada.
8.	Recebi um telefonema de Lia, dizendo que está muito bem.

116

	CIDADE	PAÍS
• A catedral de Santiago de Compostela está em	CORUNHA	ESPANHA
• A pirâmide de Quéops está em	GIZÉ	EGITO
• O museu do Louvre está em	PARIS	FRANÇA
• O museu Hermitage está em	SÃO PETERSBURGO	RÚSSIA
• A Universal Studios está em	LOS ANGELES	EUA
• O palácio de Buckingham está em	LONDRES	INGLATERRA
• A Grande Muralha está em	PEQUIM	CHINA
• O Monumento às Bandeiras está em	SÃO PAULO	BRASIL
• A Torre de Belém está em	LISBOA	PORTUGAL
• O Taj Mahal está em	AGRA	ÍNDIA
• O Cristo Redentor está em	RIO DE JANEIRO	BRASIL
• O Coliseu está em	ROMA	ITÁLIA
• O Partenon está em	ATENAS	GRÉCIA
• A Praça dos Três Poderes está em	BRASÍLIA	BRASIL

117 Cada saco de farinha custou R$ 0,27.
As flores custaram R$ 32,04.
O casaco custa R$ 157,58.
Devolveram-lhe R$ 1,62 de troco.
Cada neto recebeu R$ 88,50.

118 <u>Palavras com 4 letras:</u> real, fiel, anel, oral, anil, ágil, útil, qual, dial, atol, anal...

<u>Palavras com 5 letras:</u> total, letal, dócil, metal, cabal, feral, pedal, sinal, fácil, cruel, fetal, rapel, final, penal, boçal...

<u>Palavras com 6 letras:</u> animal, cereal, facial, pincel, sexual, labial, distal, perfil, ritual, genial, gentil, formal, mental, frágil, dossel...

<u>Palavras com 7 letras:</u> parcial, imbecil, fluvial, general, estatal, bifocal, digital, teatral, decimal, recital, pontual, musical, mineral, matagal, ignóbil...

<u>Palavras com 8 letras:</u> vendaval, neuronal, especial, informal, parietal, marginal, desigual, infernal, regional, terminal, senoidal, escrotal, cardinal, gordural, tropical...

119

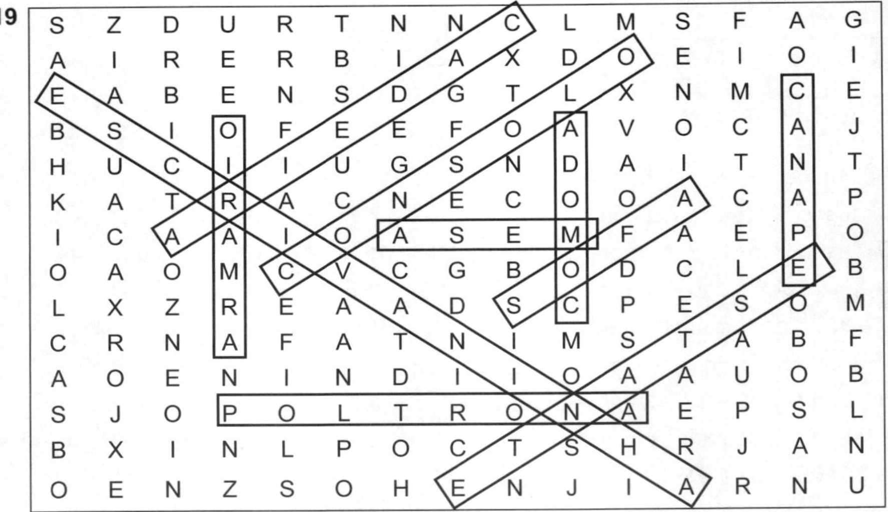

120

Carro	volante	motor	pneus	freios
Poste de luz	lâmpada	vidro	poste	cabos elétricos
Vassoura	pau	cerdas	base para cerdas	peça para pendurar
Mala	trava	tecido	cadeado	alça
Guarda-chuva	cabo	tela	varetas	barra
Casaco	pano	botões	bolsos	forro
Telefone	teclas	carcaça	microfone	fios
Vaso sanitário	tampa	boia	botão de descarga	vaso
Piano	teclas	pedais	cordas	tampa
Janela	vidro	caixilho	cabo	dobradiça
Micro-ondas	porta	prato	luz	botões
Calculadora	botões	cristal	pilhas	carcaça

122

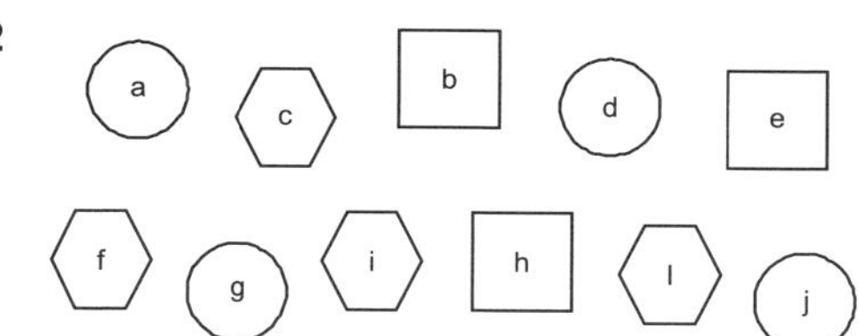

m k n p q

o s r u t

v y w x z

123

541 + 941 = 1.482	294 – 183 = 111	9.836 + 5.748 = 15.584
932 + 254 = 1.186	973 – 637 = 336	8.738 + 9.283 = 18.021
845 +135 = 980	703 – 692 = 11	5.372 + 3.638 = 9.010
795 + 441 = 1.236	520 – 345 = 175	9.378 + 9.383 = 18.761
635 + 834 = 1.469	845 – 654 = 191	3.849 + 6.451 = 10.300
938 + 738 = 1.676	734 – 384 = 350	8.377 – 4.368 = 4.009
389 + 399 = 788	690 – 301 = 389	9.387 – 6.278 = 3.109
938 + 989 = 1.927	934 – 534 = 400	7.292 – 5.242 = 2.050
983 + 729 = 1.712	861 – 402 = 459	6.278 – 3.245 = 3.033

124

♋	♒	☹	✉	✝	¤	⚡
☹	⚡	♋	♒	¤	✉	✝
✉	✝	¤	⚡	☹	♒	♋
⚡	¤	♒	✝	✉	♋	☹
¤	☹	✉	♋	⚡	✝	♒
✝	♋	⚡	¤	♒	☹	✉
♒	✉	✝	☹	♋	⚡	¤

125 Mesa, sofá, maca, cadeira, sonda, agulha, cateter, máscara, uniforme, jaleco, caneta, prancheta, bolsa, bisturi, gaze, luva, termômetro, esparadrapo, pomada, comprimido, aparelho de pressão, algodão, travesseiro, cadeira de rodas, colchão, balança, oxímetro, radiografia, escadinha, indicador biológico, tesoura, lanceta, urinol, cadeira higiênica, receita, sabonete, papel higiênico, eletrodo, bomba de oxigênio, crachá...

127 Médico, coco, místico, pouco, módico, público, barco, flanco, saco, taco, mico, cisco, fisco, gráfico, típico, pico, físico, sísmico, seco, tráfico, único, beco, rico, recíproco, banco, manco, bíblico, náutico, cósmico, cômico, autêntico, químico, rítmico, polaco, mítico, sueco, econômico, eco, cacareco, galeopiteco...

128

6 – 5 – 7 – 3	2 – 9 – 4 – 8
3567 – 3576 – 3657 – 3675 – 3756 – 3765	2489 – 2498 – 2849 – 2894 – 2948 – 2984
5367 – 5376 – 5637 – 5673 – 5736 – 5763	4289 – 4298 – 4829 – 4892 – 4928 – 4982
6357 – 6375 – 6537 – 6573 – 6735 – 6753	8249 – 8294 – 8429 – 8492 – 8924 – 8942
7356 – 7365 – 7536 – 7563 – 7635 – 7653	9248 – 9284 – 9428 – 9482 – 9824 – 9842

129 Há 104 vogais.

130

Ágil	Pedaço
Água	Pelo
Ano	Pico
Ferida	Pressa
Figo	Querer
Folha	Rota
Gema	Sarda
Gesso	Tamanco
Mala	Toldo
Ostra	Trama
Pátria	Trovão

131 Candelabro

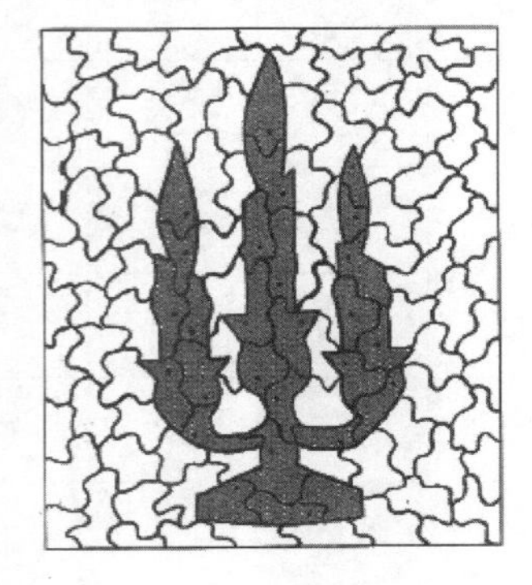

134

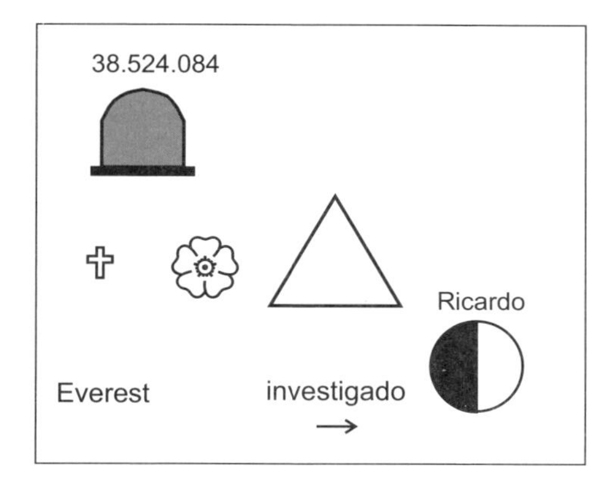

135

EALFRA:RAFAEL	SIALEM:ISMAEL
ARKIAN:KARINA	RUOARA:AURORA
ÁLZORA:LÁZARO	NIDGRI:INGRID
SETAEL:ESTELA	ECILEB:CIBELE
GHATIO:THIAGO	ALIGAM:MAGALI
ELEFPI:FELIPE	LARCOS:CARLOS
KAJIEC:JACKIE	GLÂENA:ÂNGELA

136 Quais são os dois conjuntos que contêm as mesmas figuras? B – C.

Desenhe as duas figuras diferentes das demais: 

138

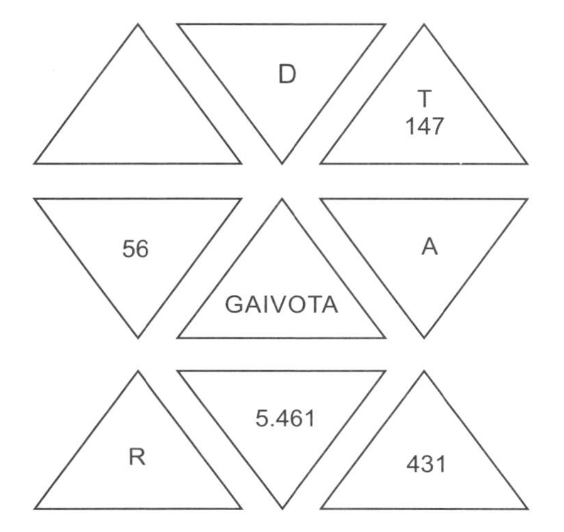

139 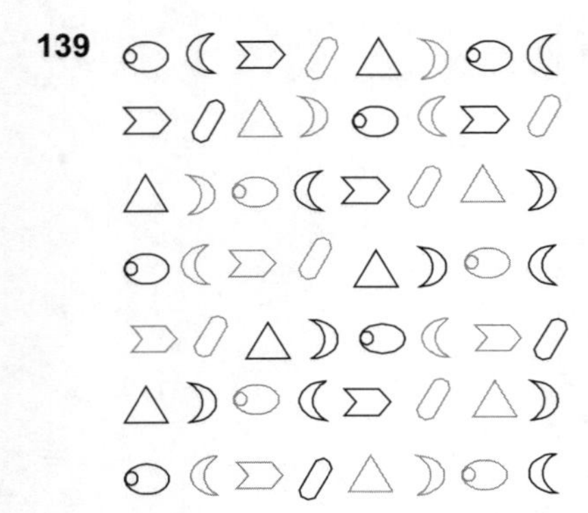

140 Palavras com 4 letras: rato, rosa, rabo, reta, rito, rijo, rixa, roxo, ripa, rola, rolo, raso, rifa, roer, rota...

Palavras com 5 letras: rádio, ronda, rasgo, radar, rosca, roupa, rímel, risco, ração, recém, reduz, relar, resma, rolar, rimar...

Palavras com 6 letras: raposa, réptil, robalo, riacho, reitor, rápido, regalo, ritual, rodada, reparo, recibo, retiro, romano, retina, rancho...

Palavras com 7 letras: rabisco, roldana, retinto, remador, réplica, rústico, raspado, remover, revisão, rubrica, reduzir, roteiro, recusar, regador, relação...

Palavras com 8 letras: ratazana, respeito, respaldo, racional, renegado, rispidez, respirar, relaxado, ridículo, recordar, rentável, rompante, retirada, rabanete...

141 Título – Telão – Teoria – Tesouro – Tráfico – Tarja – Tigre – Toldo – Tato.

142

Escreva 5 rios	Escreva 5 mares	Escreva 5 montanhas
Madeira	Morto	Agulha do Diabo
Pinheiros	Cáspio	Kilimanjaro
Guandu	Mediterrâneo	Sinai
Tietê	Egeu	Fuji
Solimões	Negro	K2
Escreva 5 continentes	**Escreva 5 ilhas**	**Escreva 5 países**
África	Aruba	Brasil
Oceania	Ibiza	Espanha
Antártida	Bora Bora	Rússia
Europa	Ilha Grande	Egito
América	Atol das Rocas	Índia

144 Gata, pata, urubu, vaca, garça, lodo, faca, matraca, catraca, pele, bala, fala, tala, bolo, foco, rococó, choro, dama, fama, bacana, tomo, trama, xixi, olho, poço, colono, bege, mente, recente, cachaça, troço, moço, perene, mamar, coco, frente, cada, banana, maçã, oposto, urucum...

145 ☺ R$ 5,00 ❋ R$ 2,50 ❀ R$ 12,50 ⇮ R$ 7,50 ◎ R$ 10,00 ❖ R$ 15,00

146 14 – 28 – 36 – 40 – 53 – 69 – 78.

147

ςψαηςφϖφηυαωδυαημδ
ηςωφαφϖδυμυαφπηςφϖ
φυαμυφϖηςωδυαφςφϖη
ϖηςωδυαςαφϖφηςϖφης
ηυηςπςφϖφυαφωδυφϖα
φηςφϖμυαωδηςυαφωυπ
αφυαυωμφϖπδηςφϖφης

═ Azul
— Vermelho
≡ Verde

148

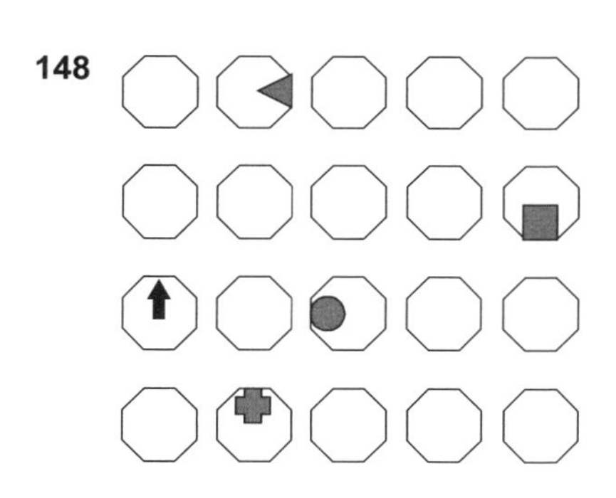

149 Gorila, frágil, elogiar, gráfico, regular, agregar, oferecer, frigorífico.

151 Há 13 🛏 10 🎁 12 ○ 10 ✂ 9 📷

🛏	🎁	○	🎁	○	🎁	🛏	🎁	○
📷	✂	🎁	✂	🛏	✂	📷	✂	🛏
○	🛏	✂	📷	🎁	○	🛏	○	📷
📷	🎁	○	🛏	✂	📷	○	🎁	🛏
🛏	✂	📷	✂	○	✂	🛏	✂	📷
📷	○	🛏	🎁	🛏	○	🎁	○	🛏

152

Formal → Informal	Enfiar → desenfiar
Pentear → Despentear	Esperto → Ingênuo
Carregar → Descarregar	Macio → Duro
Contratar → Demitir	Superior → Inferior
Coordenar → Descoordenar	Solto → Preso
Destro → Canhoto	Sofisticado → Simples
Herdar → Deserdar	Severo → Brando
Encaixar → Desencaixar	Provável → Improvável
Tolerância → Intolerância	Dar → Receber
Enroscar → Desenroscar	Uniforme → Variado
Fugaz → Demorado	Obedecer → Desobedecer
Incrustar → Desincrustar	Educado → Mal-educado

153 Depois de comer o *merengue*, mesmo com *sono*, fui até a área e tirei a *tulipa* do *tanque*.

O homem deixou escapar um *riso* quando viu que seu *presente* era um bom *vinho* e não uma mera *carteira*.

No pesadelo, a *fonte*, ao invés de água, derramava *areia*, e um duende do tamanho de um *abacaxi* entoava uma triste *melodia*.

Mas a entonação de sua *voz* seria seu *calcanhar* de Aquiles: não conseguiu argumentar seriamente a respeito do medíocre *seriado* do *caminhão*.

154

Φ	Σ	&	Θ	∞	δ	ϑ
γ	ϖ	∂	ƒ	η	ϒ	Ω
α	ψ	∝	#	ϭ	%	χ

155

AZUL	VERDE	VERMELHO	LILÁS	AMARELO	PRETO
PRETO	VERMELHO	AZUL	AMARELO	VERDE	LILÁS
AMARELO	LILÁS	PRETO	VERDE	AZUL	VERMELHO
VERMELHO	AZUL	AMARELO	PRETO	LILÁS	VERDE
VERDE	PRETO	LILÁS	AZUL	VERMELHO	AMARELO
LILÁS	AMARELO	VERDE	VERMELHO	PRETO	AZUL

156 vertigem, voltar, sesta, protestar, oxidar, mastro, contágio, ortografia, cupim, balança, barbatana, parasita.

Referências

BALTES, P.B. & BALTES, M. (orgs.) (1990). *Successful ageing*. Cambridge: Mass. Cambridge Univ. Press.

BALTES, P.B. & WILLIS, S.L. (1982). "Platicity and enhancement of intellectual functioning in old age: Penn State's adult development and enrichment". In: CRAIKY, F.I.M. & TREHUB, S.E. (orgs.). *Aging and cognitive processes*.

BERMEJO, F. (org.) (1993). *Nivel de salud y deterioro cognitivo en los ancianos*. Barcelona: SG Editores SA/Fundación Caja Madrid.

BLIESZNER, R.; WILLIS, S.L. & BALTES, P.B. (1981). "Training research in aging on the fluid ability of inductive reasoning". *Journal of Applied Developmental Pshychology*. Vol. 2 (3), p. 247-265.

CATTELL, R.B. & HORN, J.L. (1978). "A cross-social check on the theory of fluid and crystallized intelligence with discovery of new valid subtests designs". *Journal of Educational Measurement*. N. 15, p. 139-164.

FERNÁNDEZ-BALLESTEROS, R. et al. (1992). *Evaluación e intervención psicológica en la vejez*. Barcelona: Martinez Roca.

GESCHWIND, N. (1985). "Mechanism of change after brain lesions". In: NOTTEBOHM, E. (org.). "Hope for a new neurology". *Ann Acad NY*. N. 457, p. 1-11.

GIL, R. (1998). *Neuropsicología*. Barcelona: Masson.

HOFFMAN, L.; PARIS, S. & HALL, E. (1996). *Psicología del desarrollo hoy*. Madri: McGraw-Hill.

HORN, J.L. (1982). "The aging of human abilities". In: WOLMAN, B.B. (org.). *Handbook of developmental psychology*. Englewood Cliffs, NY: Prentice-Hall.

HULTSCH, D.F. & DIXON, R.A. (1990). "Learning and Memory in Aging". In: BIRREN, J.& SCHAIE, K.W. *Obra Completa*. P. 259-273.

ISRAËL, L. (1988). *Metodo de entrenamiento de memoria*. Barcelona: Semar.

LOBO, A. et al. (1979). "'El Mini-Examen Cognoscitivo' un test sencillo y practico para detectar alteraciones intelectivas en pacientes médicos". *Actas Luso Esp. Neural. Psiquiatr*. Vol. 3, p. 149-153.

MOLLY, D. et al. (1988). "Acute effects of exercise in neuropsychological function in elderly subjects". *Journal of American Geriatrics Society*. Vol. 36 (1), p. 29-33.

MONTORIO, I. (1994). *La persona mayor. Guía aplicada de evaluación psicológica*. Colección Servicios Sociales. Madri: INSERSO.

PLEMONS, J.K.; WILLIS, S.L. & BALTES, P.B. (1978). "Modifiability of fluid intelligence in aging: A short-term longitudinal training approach". *Journal of Gerontology*. Vol. 33 (2), p. 224-231.

POUSADA, M. (1996). "Los desarrollos recientes del arte de la memoria: La técnica de las palabras clave". In: SÁIZ, D.; SÁIZ, M. & BAQUES, J. (orgs.). *Psicología de la Memoria. Manual de Prácticas*. Barcelona: Avesta.

PUIG, A. (2005). *Ejercicios para mantener la cognición*. Madri: Editorial CCS.

______ (2004a). *Ejercicios para mejorar la memoria*. Madri: Editorial CCS.

______ (2004b). *Ejercicios para mejorar la memoria/2*. Madri: Editorial CCS.

______ (2004c). *Ejercicios para mejorar la memoria/3*. Madri: Editorial CCS.

______ (2003). *Programa de Entrenamiento de la Memoria. Dirigido a personas mayores que deseen mejorar su memoria*. Madri: Editorial CCS.

______ (2001). *Programa de Psicoestimulación Preventiva. Un método para la prevención del deterioro cognitivo en ancianos institucionalizados*. Madri: Editorial CCS.

______ (1999). *Deteriorament cognitiu: Aplicació d'un Programa de psicoestimulació preventiva en una residència geriàtrica* [Tese de Doutorado – Universidade de Barcelona].

ROTROU, J. (1985). "Methodologie pour une stimulation psychologique des fonctions cérébrales". In: *Démences du sujet âgé et environnement* [Actes du 2° Colloque: Paris, les 28 et 29 Janvier 1985]. Paris: Maloine SA Éditeur.

ROWE, J.W. & KHAN, R.L. (1997). "Successful ageing". *The Gerontologist*. N. 37, p. 433-440.

UZZELL, B.P. & GROSS, T. (1986). *Clinical Neuropsychology of intervention*. Boston: Martinus Nijhoff.

WILLIS, S.L. (1996). "Towards and educational psychology of older adults learner: Intelectual and cognitive bases". In: BIRREN, J.E. & SCHAIE, W.K. (orgs.). *Handbook of the psychology of aging*. San Diego: Academic Press.

WILLIS, S.L.; BLIESZNER, R. & BALTES, P.B. (1981). "Intellectual training research in aging: Modification of performance on the fluid ability of figural relations". *Journal of Educational Psychology*. Vol.73 (1), p. 41-50.

WILLIS, S. & SCHAIE, K.W. (1986). "Training on the ability factors of spatial orientation and inductive reasoning". *Psychology and Aging*. Sep. (3), vol. 1, p. 239-247.

YESAVAGE, J.A. (1987). "Propuestas terapéuticas en las disfunciones de la memoria en edades avanzadas". In: MEIER-RUGE, W. (org.). *Formación y entrenamiento en Geriatría – El paciente en edad avanzada en medicina general*. Barcelona: Sandoz, p. 157-201.

YESAVAGE, J.A. & ROSE, T.L. (1983). "Concentration and Mnemonic Training in Elderly Subjects With Memory Complaints: A Study of Combined Therapy and Order Effects". *Psychiatric Research*. N. 9, p. 157-167.

Conecte-se conosco:

facebook.com/editoravozes

@editoravozes

@editora_vozes

youtube.com/editoravozes

+55 24 2233-9033

www.vozes.com.br

Conheça nossas lojas:

www.livrariavozes.com.br

Belo Horizonte – Brasília – Campinas – Cuiabá – Curitiba
Fortaleza – Juiz de Fora – Petrópolis – Recife – São Paulo

Vozes de Bolso

EDITORA VOZES LTDA.
Rua Frei Luís, 100 – Centro – Cep 25689-900 – Petrópolis, RJ
Tel.: (24) 2233-9000 – E-mail: vendas@vozes.com.br